电工电子技术实验

杨茂宇　王　俐　赵永红　**编著**

华東理工大學出版社
EAST CHINA UNIVERSITY OF SCIENCE AND TECHNOLOGY PRESS

图书在版编目(CIP)数据

电工电子技术实验 / 杨茂宇,王俐,赵永红编著. —上海:华东理工大学出版社,2009.1
ISBN 978 - 7 - 5628 - 2465 - 7

Ⅰ.电... Ⅱ.①杨...②王...③赵... Ⅲ.①电工技术—实验—高等学校—教材②电子技术—实验—高等学校—教材 Ⅳ.TM-33 TN-33

中国版本图书馆 CIP 数据核字(2008)第 208544 号

电工电子技术实验

··

编　著 /	杨茂宇　王　俐　赵永红
责任编辑 /	李国平
责任校对 /	李　晔
封面设计 /	陆丽君
出版发行 /	华东理工大学出版社
	地　址:上海市梅陇路 130 号,200237
	电　话:(021)64250306(营销部)
	传　真:(021)64252707
	网　址:www. hdlgpress. com. cn
印　刷 /	上海展强印刷有限公司
开　本 /	787mm×1092mm　1/16
印　张 /	13
字　数 /	312 千字
版　次 /	2009 年 1 月第 1 版
印　次 /	2009 年 1 月第 1 次
印　数 /	1—4050 册
书　号 /	ISBN 978 - 7 - 5628 - 2465 - 7/TM·7
定　价 /	21.00 元

前　　言

实验教学，不仅是培养学生动手能力、创造性思维的重要环节，而且对其关联的理论知识的理解和掌握也起到点拨作用，有时甚至是很关键的。

一个实验的实施，可能会采用不同的方法、手段与要求。一个步骤、要求的增设往往包含着关键知识点的刻意引导，牵扯的并非单一概念。所以指导老师不一定要墨守面前的实验方法、步骤等，宜随时掺入自己的教学成果，进而优化或更新。

验证性实验与设计性、综合性、创新性实验的比例应根据生源、层次而定。学生的提高实验理应得到一定的实验能力、一定的理论基础的支撑，所以需要充足的基础实验、验证性实验，才能达到要求的实验教学效果。

本书简单介绍了电子电路仿真软件"电子工作台（Electronics Workbench——EWB）"，这对于大学一年级以上的学生来说，老师在现场稍加指导，就能轻松运用，完成教学要求的虚拟实验，达到教学要求。

编写中参考了部分兄弟院校编写的教材、文献，也吸收了部分杂志、书籍和部分厂商提供的有关资料，得助不菲，不胜感谢。

本书由杨茂宇、王俐、赵永红编著，参与本书编写的还有芦涛、兰云、张小兵、郑晓菁 、何杰生、胡华北、王廷高、许青春及胡晶晶等老师。

本书由黄友锐老师和李良光老师悉心审阅，他们提出了一些宝贵的意见和建议。非常感谢陈浩信老师在本书编写过程中给予的大力支持和帮助。

王清灵教授对本书的编写自始至终给予了热情指导和关心，笔者在此深表谢意。

书中错误与不妥之处在所难免，希望读者及时指正。

编　者

2008. 8

目 录

电工基础实验篇

模拟电子技术基础实验篇

数字电子技术基础实验篇

附　录

电工基础实验篇

实验一　直流电路电位、电压测量

实验目的

通过实验,加强电路中电位的概念,通过不同参考点下的电位及电压的测量与计算,加深各点电位的高低相对性及两点间的电压值的绝对性认识。

实验原理简述

电路中的电位、电压是相互联系而又相互区别的两个概念。两点间的电压就是两点的电位差,它只能说明一点的电位高,另一点的电位低,以及两点的电位相差多少的问题。至于电路中某一点的电位究竟是多少伏,必须选定电路中某一点作为参考点(通常设参考电位为零),其他各点的电位都同它比较,正数值越大电位越高,负数值越大则电位越低。所选参考点不同,电路中各点的电位值将随参考点的不同而不同。如果参考点在电路图中标上"接地"符号"⊥",并非真与大地相接。

电压是指电路中任意两点之间的电压值,它的大小和极性与所选参考点无关。一旦电路结构及参数一定,电压的大小和极性即为定值。

实验中,在测量电位时应将电压表"负"表笔接在电位的参考点上,若使用指针表,指针反偏则应调换表笔,此时该点电压为负值。

测量电器两点电压时,注意电压符号下标顺序,例"U_{AB}",应将负表笔接在"B"点上,若指针反偏,应变换正、负表笔,读数为负值。

实验器材

1. 可调直流稳压电源(0～30 V)　　　　　　　　1 台
2. 万用表　　　　　　　　　　　　　　　　　　1 只
3. 实验板(自制)　　　　　　　　　　　　　　　1 块

实验内容

1. 直流电源电压输出旋钮逆时针调到最小位置,按图 1-1 电路接线。
2. 开启直流稳压电源,将输出电压调节为 20 V。
3. 测量图 1-1 电路中各参考点下的各电位及给定两点间的电压,将测量结果分别填入

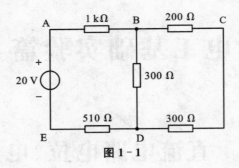

图 1－1

表 1－1。

表 1－1

参考点	测量数据											
	电　位(V)					两点间电压(V)						
	U_A	U_B	U_C	U_D	U_E	U_{AB}	U_{BC}	U_{CD}	U_{DE}	U_{EA}	U_{AE}	U_{BE}
B												
C												
E												
A												

思　考　题

有一电路如图 1－2 所示,零电位参考点在哪里? 画电路图表示出来。若电位器 R_P 的滑动触头向右滑动时,A 点电位是增高了还是降低了,还是不变?

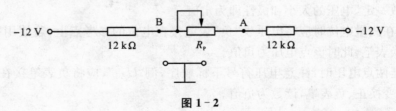

图 1－2

作　　业

1. 以 B、E 为参考点,计算图 1－1 各电位。

2. 以参考点 A、C 测量的各电位,计算出记录表中各两点间的电压,并与实测值相比较。

实验二 叠加定理

实验目的

用实验证明线性电路的叠加性。

实验原理简述

线性网络最重要的基本性质就是叠加性,叠加定理是和线性概念紧密相连的。

1. 叠加定理

在线性网络中有多个独立电源作用,通过任一支路的电流(或电压),等于各个独立电源单独作用时(其余独立电源为零即电压源相当于短路,电流源相当于开路),在该支路产生的电流(或电压)的代数和。

2. 说明

例如对图 2-1 实验电路,欲计算 I_3 的值,可以先求出 U_1 单独作用下的 I_3',再来求出 U_2 单独作用下的 I_3'',它们代数和便是 I_3。

$$I_3' = \frac{U_1}{R_1 + R_2 /\!/ R_3} \cdot \frac{R_2}{R_2 + R_3}$$

$$I_3'' = \frac{U_2}{R_2 + R_1 /\!/ R_3} \cdot \frac{R_1}{R_1 + R_3}$$

所以 $I_3 = I_3' + I_3''$

图 2-1 实验电路中 U_1、U_2 均为 9 V,它们由稳压电源一路输出提供。U_1'、U_2' 是等于 9 V 还是零伏由双投开关接投完成。

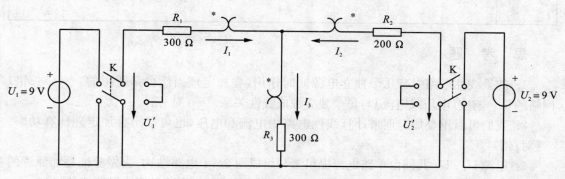

图 2-1 实验电路图

注意在正方向下,电流的正负值。

备注:图中"✕"表示电流插座,"*"表示同极端。

实 验 器 材

1. 可调直流稳压电源(0—30 V)　　　　　　　　1台
2. 直流电流表(0—30 mA)　　　　　　　　　　1台
3. 数字电压表　　　　　　　　　　　　　　　1台
4. 电流插座　　　　　　　　　　　　　　　　3只
5. 电流插头　　　　　　　　　　　　　　　　1只
6. 实验板(自制)　　　　　　　　　　　　　　1块

实 验 内 容

1. 连接图 2-1 电路,U_1、U_2 共同由单路电源提供,检查无误后方可进行下一步骤。
2. 调稳压源输出电压为 9 V,(用电压表测准确)。
3. 左闸刀左投 ($U_1' = U_1$),右闸刀左投 ($U_2' = 0$),测各支路电流、电压,填入表2-1中。
4. 左闸刀右投 ($U_1' = 0$),右闸刀右投 ($U_2' = U_2$),测各支路电流、电压,填入表2-1中。
5. 左闸刀左投 ($U_1' = U_1$),右闸刀右投 ($U_2' = U_2$),测各支路电流、电压,填入表2-1中。
6. 根据提供的电阻元件,自选,重新安排图 2-1 中 R_1、R_2、R_3 的值(实验电路结构不变),按实验内容"3"、"4"步骤操作,再次测出电路中的 I_1、I_2 值。总结具有一个独立电源的线性电路中激励和响应的位置关系及数值情况。你的结论语是什么?

表 2-1

	I_1(mA)	I_2(mA)	I_3(mA)	U_{R1}(V)	U_{R2}(V)	U_{R3}(V)	计　算		
							$U_{R1}I_1$	$U_{R2}I_2$	$U_{R3}I_3$
$U_1' = U_1$ $U_2' = 0$									
$U_2' = U_2$ $U_1' = 0$									
$U_1' = U_1$ $U_2' = U_2$									

思 考 题

1. 如果线性电路中有几个独立电源同时作用,叠加定理当然也是适用的。__(对/错)网络的每一响应(电压或电流)与每个独立源成线性关系。__(对/错)

2. 我们可以用叠加定理来计算线性电路中电流和电压,也可以用叠加定理计算功率。__(对/错)

3. 电源 U_1、U_2 共同由单路电源提供参与组成图 2-1 电路结构,去做验证叠加原理的实验,你有什么想法,与定理说法矛盾吗?(实验前预习时,你头脑里接线思路清楚吗?)

作　业

1. 用叠加定理计算图 2-1 中各支路电流、电压,并与实测值进行比较。
2. 用具体数值(根据表 2-1)回答思考题。

实验三　戴维南定理

实验目的

1. 用实验证明,任何一个线性含源二端网络,对外电路作用,可用一条有源支路来等值代替。

2. 正确使用直流仪表。

实验原理简述

对于任何一个电路,如果只研究其中一部分电路时(其余部分为线性含源二端网络)应用戴维南定理,通常是较为方便、省力的一种方法。

任何一个线性含源二端网络,对外电路来说,可以用一个有源支路来替代,该有源支路的电动势 E 等于含源二端网络的开路电压 U_{0C},其电阻 R_0 等于含源二端网络化成无源网络后的两端之间的等效电阻 $R_{ab}(R_0)$。

戴维南定理又叫做等值发电机定理或含源二端网络定理。

欲用戴维南定理解析图 3-1(a)电路中 ab 支路,可用等效电路图 3-1(b)求解,图中 E 是图 3-1(a)电路移去 R_L 后,ab 间的电压即开路电压 U_{0C},图 3-1(b)中 R_0 是电压源等于零(等于 c、d 短路),移去 R_L 后 a、b 之间的电阻。求此 R_0 可用 Y—△变换求知。

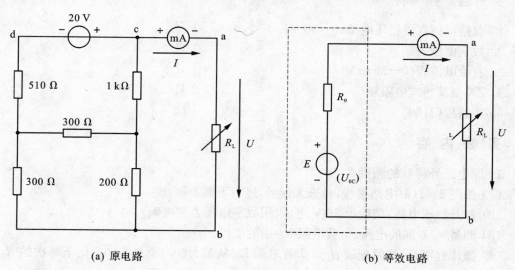

(a) 原电路　　　　　　　　　　　　(b) 等效电路

图 3-1

若已知 R_L 求 I,或令 I 为某值定出 R_L,用等效电路 3-1(b)求解当然是容易的。

实验中,其等效电路开路电压 U_{0C} 可用直接测量法或者补偿法求出,其等效电阻 R_0 可用直接测量法、开短路法、半电压法及替代法求出。

1. 开路电压 U_0

（1）用高内阻电压表测量线性含源二端网络端口处开路电压。

（2）补偿法测量。用电压表初测线性含源二端网络的开路电压；用电阻器与电压源组成分压器并令其输出电压近似等于初测的开路电压。将二端网络端口与分压器并联对接，并在之间串一检流计（或用毫安表代替），细调分压器的输出电压使得检流计指示为零，此时电压表测量指示即为开路电压，当等效电阻 R_0 与电压表内阻相比不可忽略时，这样测量的结果准确。

2. 等效电阻 R_0 的测定

（1）直接测量法：在有源二端网络可以除源的情况下，在其开路两端之间用欧姆表测量；把有源二端网络中的所有独立电源置零，然后在端口处外加一给定电压 U，测得流入端口的电流 I，则 R_0 可通过 U 除以 I 求出。

（2）开短路法：测出有源二端网络的开路电压 U_0 及短路电流 I_d，则 R_0 通过 U_0 除以 I_d 求出。

（3）半电压法：首先测出被测有源网络的开路电压 U_0 并记录下来，然后在开路端口处介入比较准确的电阻箱 R，调节电阻箱 R，使其端电压等于 $\frac{1}{2}U_0$，显然此时 R 值等于 R_0。

（4）替代法：取一电压源，令电压源 E 等于 U_0，与电阻箱 R、负载电阻 R_L 及电流表构成一个闭合电路，细调电阻箱使电流值为原电路某一负载 R_L 值下的电流值，此时 R 等于 R_0。

（5）若已知外电路电阻 R_L 的阻值，分别测出开路电压 U_{0c} 和外电路的端电压 U_L，可计算出 R_0。

实 验 器 材

1. 双路可调直流稳压电源（0—30 V）	1 台
2. 数字电压表	1 只
3. 直流电流表（0—30 mA）	1 只
4. ZX 型旋转式电阻箱	2 只
5. 实验板（自制）	1 块

实 验 内 容

1. 原电路外特性的测量

（1）按图 3-1(a) 电路接线，检查无误后，进行下面步骤。

（2）打开稳压电源，使输出 20 V 电压（用数字电压表测准确）。

（3）测量 a、b 间的电压、负载电阻 R_L 中的电流。

（4）操作程序是：按照记录表 3-1 要求调 R_L 从最大（∞）至最小（0），记下每次的 R_L 值和电流 I、电压 U 的读数。

2. 戴维南等效电路外特性测量（U_{0c} 用直接测量法，R_0 用开短路法）。

从原电路所测数据可得到 U_{0c} 计算出 R_0。即：

（1）将稳压源调到上步实验中 $R_L = \infty$ 时的 a、b 间的电压（即开路电压）值。（从原电路中可得）

（2）把一只电阻箱的阻值调到 $R_0 = \dfrac{U(R_L = \infty)}{I(R_L = 0)}$ 的值（公式中 U、I 从原电路所测数据索取）

（3）关掉电源，按图 3 - 1(b)接线。

（4）重复步骤"1"中"(3)"。

实 验 拓 展

1. 用补偿法测定 U_{0c}，设计出测量电路，自拟实验步骤。

2. 用替代法求等效电阻 R_0，画出电路图，写出实验步骤，与开短路法求出的 R_0 相比较，哪种实验方法准确些？

思 考 题

1. 应用戴维南定理关键在于正确理解和求出＿＿＿＿＿和＿＿＿＿＿。

2. 求 R_0——负载断开后含源二端口网络化成无源网络后的入端电阻，所谓"无源"，即对其中电压源＿＿＿＿＿、对电流源＿＿＿＿＿。

3. 所谓等效是对线性含源二端网络的外电路而言。＿＿（对/错）

表 3 - 1

	$R_L(\Omega)$	0	100	300	400	430	470	510	520	600	900	∞
原电路	I(mA)											
	U(V)											
等效电路	$R_L(\Omega)$											
	I(mA)											
	U(V)											
	$R_0 =$											

作 业

1. 画出有源二端网络及等效网络的外特性：$U = f(I)$，进行比较。

2. 计算出二端网络入端电阻的理论值，且与实验所测得的等效内阻比较。

3. 什么因素影响本实验中的测量准确度，主要因素是什么？

实验四　电路中的过渡过程

实 验 目 的

1. 研究 RC 一阶电路动态响应的基本规律和特点。
2. 用实验的手段测出一阶电路的时间常数。
3. 研究 RLC 二阶电路在过阻尼和欠阻尼时的零状态响应。

实验原理简述

电容、电感元件不同于电阻元件,是一种储存能量的元件,是一种动态元件,这两种元件的伏安关系都涉及对电流电压的微分或积分。

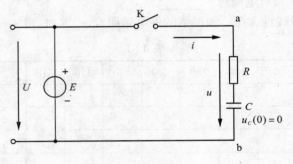

图 4 - 1

图 4 - 1 是我们很熟悉的 RC 一阶电路,若 K 未闭合, $u_c = 0$; K 早已闭合, $u_c = E$ 。在此之前,没有讨论 u_c 从 0 到 E 的变化规律,即从一稳态(处于一定能量状态)到另一稳态的过程。凡是能量改变就需要时间,日常生活中随时都能观察这种现象。过渡过程是必然的,这是自然规律,不能违抗。

例如图 4 - 1 中 ,K 未闭合, $u_c = 0$, $W_c = 0$;若 K 闭合后 u_c 充电到 $U(= E)$ 。那么 $W_c = \frac{1}{2}CU_c^2 = \frac{1}{2}CU^2$,则 $\triangle W = W_c - W_c' = \frac{1}{2}CU_c^2 (= W_c)$

观察 $\frac{\triangle W}{\triangle t}$, $\lim\limits_{\triangle \to 0} \frac{\triangle W_c}{\triangle t} = \lim\limits_{\triangle \to 0} \frac{W_c}{\triangle t} = \infty = P$ ($\triangle W$ 此为定值)

然而,实际上在电容电流为有界的条件下提供无穷大的功率电源是不可能的,所以有过渡过程。

设电容电压 u_c 和电流 i 的参考方向一致,如图 4 - 1 所示,则 $i = C\dfrac{\mathrm{d}u_c}{\mathrm{d}t}$,这也就表明了

电容的一个重要性质,若在任何时刻通过电容的电流只能为有限值,那么 $C\dfrac{\mathrm{d}u_c}{\mathrm{d}t}$ 就一定为有限值,电容两端的电压一般不可能突变而只能是连续变化。所以:换路瞬间($t = 0$,K 开闭

瞬间)电容元件上的电压应当保持原值而不能有所跃变。类似可以分析，RL 串联电路在换路瞬间，电感元件中的电流应当保持原值而不能跃变。

1. 直流一阶线性电路的过渡过程

经常遇到只包含一个动态元件的电路是用线性常系数一阶常微分方程来描述的，称为一阶电路。我们从解它的微分方程可总结出"三要素法"，去方便地求解分析电路。只要求得 $f(0_+)$、$f(\infty)$ 和 τ 这三个"要素"，就能直接定出电路的响应（电流或电压）。其表示式如下。

$$f(t) = f(\infty) + [f(0_+) - f(\infty)]e^{-t/\tau}$$

$f(t)$——电路中的电压或电流。

$f(0_+)$——电压或电流的初始值。（0_+——表示换路后的初始瞬间）

$f(\infty)$——电压或电流的稳态值。

τ—表示电路的时间常数，对于图 4-1 RC 电路，$\tau = RC$，R 为从动态元件 C 两端看进去的戴维南或诺顿等效电阻。

例：图 4-1 电路，求 K 闭合后，$u_C(t)$

当 $t = 0$ 时，$u(0_+) = u(0_-) = 0$

$t = \infty$ 时，$u_C(\infty) = E$

所以 $u_C(t) = E + (0 - E)e^{-t/RC} = E(1 - e^{-t/RC})$

同样可得出：

$$u_R(t) = Ee^{-t/RC}$$

$$i(t) = \frac{E}{R}e^{-t/RC}$$

当 C 充电到稳态值 E，K 打开，a，b 两点短接时（放电），u_C 的变化规律用"三要素法"求解，容易得到：

$$u_R(t) = Ee^{-t/RC}$$

可见图 4-1 电路从初始值增长到稳态值的 63.2% 所需时间 $t = \tau$。对电容器放电而言，放电使电压衰减到初始值的 36.8% 所需时间也是 $t = \tau$。

一阶电路实验采用 RC 串联电路，我们通常采取两种方法进行：

一是把时间常数设计得较大，逐点测出电路在换路后各给定电压值及其对应的时间，然后绘出响应曲线。为此，我们用一个大的非电解电容器，选择的 R 为数字直流电压表的输入电阻 R_{in}，那么随着充电或放电的进行，可直接从数字表上观察到某时刻 u_R 值，从而也可知 u_C 的即时值，具体电路见实验电路图 4-2。

二是采用方波激励，在电路的时间常数远小于方波周期时，示波器显示响应的多次重复过程，记录响应曲线。电路的时间常数 τ 在响应曲线上求解可采用以下几种方法：

（1）在指数曲线的次切距求得；

（2）指数曲线上任意两点 $P(u_{C1}, t_1)$ 与 $Q(u_{C2}, t_2)$，利用关系式 $\tau = \dfrac{t_2 - t_1}{\ln \dfrac{U_{C1}}{U_{C2}}}$；

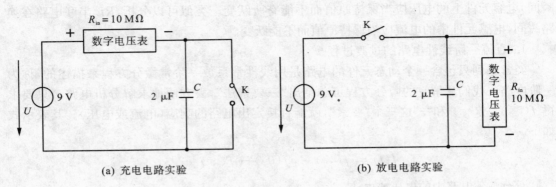

(a) 充电电路实验　　　　　　　　　(b) 放电电路实验

图 4-2

（3）可由响应波形中估算出来，对于充电状态，$u_C(t)$ 上升到终值 63.2% 所对应的时间，即为"τ"，对于放电状态，$u_C(t)$ 下降到初始值的 36.8%，所对应的时间即为"τ"。

2. 二阶 RLC 串联电路的过渡过程

根据电路参数 R、L、C 之间的值，电路响应会出现三种情况：

（1）$R > 2\sqrt{\dfrac{L}{C}}$ 时，响应是非振荡的，称为过阻尼情况。

（2）$R = 2\sqrt{\dfrac{L}{C}}$ 时，响应为临界振荡，称为临界阻尼情况。

（3）$R < 2\sqrt{\dfrac{L}{C}}$ 时，响应为衰减振荡，称为欠阻尼情况。

为了观察上述情况下的响应 $[u_C(t)$ 和 $i_C(t)]$ 的过程，本实验采用方波作为激励源。对于欠阻尼情况，衰减振荡的角度 ω_d 和衰减系数 δ，可以从响应的波形中测量出来。在示波器显示的曲线上，若第一个正峰点出现的时刻为 t_1，第二个正峰点出现的时刻为 t_2，则振荡周期 $T = t_2 - t_1$，若第一个正峰值为 I_{1m}，第二个正峰值为 I_{2m}，由于 $I_{1m} = Ae^{-\delta t_1}$，$I_{2m} = Ae^{-\delta t_2}$，故 $\delta = \dfrac{1}{t_1 - t_2}\ln\dfrac{I_{1m}}{I_{2m}}$。

实 验 器 材

1. 可调直流稳压电源(0—30 V)　　　　　　1台
2. 数字直流电压表　　　　　　　　　　　1台
3. 函数信号发生器　　　　　　　　　　　1台
4. 双通道示波器　　　　　　　　　　　　1台
5. 电容箱　　　　　　　　　　　　　　　1只
6. 电阻箱　　　　　　　　　　　　　　　1只
7. 电感线圈　　　　　　　　　　　　　　1只
8. 单刀单投开关　　　　　　　　　　　　1只
9. 计时秒表　　　　　　　　　　　　　　1只

实 验 内 容

1. RC 串联一阶电路逐点测量法

（1）确定数字直流电压表档的输入电阻 R，一般为 $10\ M\Omega$，要利用制造厂的说明书查找或用欧姆表测量，定出准确值。

（2）充电实验，接好图 $4-2$(a)电路，电压 $U=9\ V$，打开开关，按照表 $4-1$ 的测量要求测量各值，记入表中。

把 $C=2\ \mu F$ 换为 $1\ \mu F$，测定充电时间常数。

（3）放电实验，接好图 $4-2$(b)电路，数字表指示 $9\ V$，打开开关 K，按表 $4-2$ 测量要求，测量各值，记入表中。

把 $C=2\ \mu F$ 换为 $1\ \mu F$，测定充电时间常数。

表 4-1（充电）

	u_R(V)	7	6	5	4	3	2
	u_C(V)	2	3	4	5	6	7
测　量	t_1(s)						
	t_2(s)						
	t_3(s)						
计　算	t_{pj}(s)						
	t(s)						
测　量	τ(s)	$\tau_{2\mu F}=$　　，（$u_C=$　　）；$\tau_{1\mu F}=$　　，（$u_C=$　　）					
计　算	τ(s)	$\tau_{2\mu F}=$　　，（$u_C=$　　）；$\tau_{1\mu F}=$　　，（$u_C=$　　）					

注：t_1、t_2、t_3 分别为第一次，第二次，第三次测得的时间。

t_{pj} 为三次所测 t 的平均时间，t 为理论计算时间。

表 4-2（放电）

	u_R(v)	7	6	5	4	3	2
	u_C(v)						
测　量	t_1(s)						
	t_2(s)						
	t_3(s)						
计　算	t_{pj}(s)						
	t(s)						
测　量	τ(s)	$\tau_{2\mu F}=$　　，（$u_C=$　　）；$\tau_{1\mu F}=$　　，（$u_C=$　　）					
计　算	τ(s)	$\tau_{2\mu F}=$　　，（$u_C=$　　）；$\tau_{1\mu F}=$　　，（$u_C=$　　）					

2. RC 串联一阶电路响应示波器记录法

（1）按图 $4-3$(a)电路接线，信号源为方波电压（由函数信号发生器提供），其波形如图 $4-3$(b)所示，$f=50\ Hz$，幅值为 $3\ V$。

（2）取 $R=2\ k\Omega$，$C=1\ \mu F$，用示波器观察 $i(t)$（从电阻两端取样）及 $u_C(t)$ 的波形，要求在原始记录纸上作出 $i(t)$ 的波形素描，在方格纸上记录 $u_C(t)$ 的波形，并按 $u_C(t)$ 的波形求出

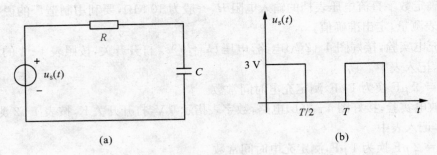

图 4 – 3

时间常数,与计算值比较。

(3) 改变 R、C 的数值,观察 $i(t)$、$u_C(t)$ 的波形变化。

① $R = 2\,\text{k}\Omega$(不变),C 取 $0.1 \sim 1\,\mu\text{F}$。

② $C = 1\,\mu\text{F}$(不变),R 取 $1 \sim 4\,\text{k}\Omega$。

3. R、L、C 串联二阶电路的动态响应。

按图 4 – 4 联接,信号源仍为方波电压($f = 50\,\text{Hz}$),幅值为 3 V,用示波器观察下列两种情况下的 $i(t)$、$u_L(t)$ 和 $u_C(t)$ 的波形,并将观察到的波形记录于原始记录纸上。

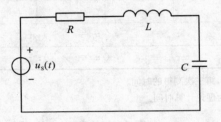

图 4 – 4

(1) $R = 2.5\,\text{k}\Omega$,$L = 0.3\,\text{H}$,$C = 0.6\,\mu\text{F}$ $\left(R > 2\sqrt{\dfrac{L}{C}}\right)$

(2) $R = 500\,\Omega$,$L = 0.3\,\text{H}$,$C = 0.6\,\mu\text{F}$ $\left(R < 2\sqrt{\dfrac{L}{C}}\right)$

对于欠阻尼情况,利用 $i(t)$ 波形(从电阻两端取样),用示波器测出衰减振荡的角频率 ω_d 和衰减系数 δ 值,即记录 $i(t)$ 波形,定量记 T_d、I_{1m} 和 I_{2m}。

思 考 题

1. 同一电路只有一个时间常数 τ __(对/错),其中 R 应理解为从动态元件两端看进的 _____ 或 _____ 等效电路中的等效电阻。

2. $1\,\text{M}\Omega$ 电阻和 $1\,\mu\text{F}$ 电容串联电路的时间常数是多少秒?

3. 工程上常认为经过($4 \sim 5\tau$)的时间,过渡过程便基本结束,请验算。从理论上讲,电容器是永远不能充足电的。__(对/错)

4. 交流电路不存在过渡过程。__(对/错)

5. 在正弦激励下的 RC 电路中,内容所述"三要素法"可不加更改地套用。__(对/错)

作 业

1. 根据实验画出 RC 串联电路的 u_C、u_R 随时间变化的曲线。

2. 通过实验说明 RC 串联电路中时间常数 τ 与电路中参数的关系并与计算值相比较，说明参数变化对动态过程的影响。

3. 从欠阻尼情况下 $i(t)$ 的波形中求出 ω_d 与 δ 值，并与计算值相比较，对于描绘的 $i(t)$、$u_C(t)$、$u_L(t)$ 的波形结合对应参数进行分析。

实验五　RLC 串联电路的阻抗测定

实验目的

证明 RLC 串联电路的阻抗 Z 是用公式 $Z = \sqrt{R^2 + X^2}$ 计算。通过实验,深刻理解正弦交流电压、电流的相量关系,同时学习交流电路中的功率的测量方法。

实验原理简述

我们将做的正弦交流电路的实验,要讨论的基本问题,仍是电路中同一元件上电压和电流的关系,以及电压、电流和功率在电路中的分配。电压、电流之间不仅有量值大小的关系,还有相位关系,对于基尔霍夫定律是用电流相量(正弦量的复数表示)和电压相量写出,即分别为 $\Sigma \dot{I} = 0$,$\Sigma \dot{U} = 0$。

通过实验,我们可以从中看到,电感、电容处处表现出相反的性质,而电阻介于两者之间。正是它们性质上彼此不同,在交流电路中扮演了三个基本角色,互相制约又互相配合,组成了多种多样的交流电路,表现出比直流电路丰富得多的性能,适应于多方面的实际需要。

这一实验用三表(电流表、电压表、功率表)法测定交流电路的阻抗。

1. 电路中对电流的总反抗作用称为电路的阻抗

对图 5-1(a)电路,总阻抗 $Z = R + j(X_L - X_C)$,或表示为 $Z = \sqrt{R^2 + (X_L - X_C)^2} = \sqrt{R^2 + X^2}$,$\varphi = \arctan \dfrac{X_L - X_C}{R} = \arctan \dfrac{X}{R}$,不等于 R 和 $(X_L - X_C)$ 的算术和。

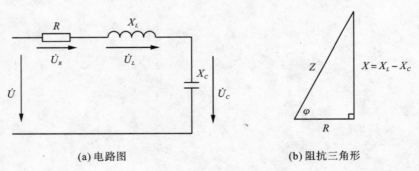

(a) 电路图　　　　(b) 阻抗三角形

图 5-1

从数学上看,Z、R、X 组成直角三角形,我们可看到 $Z = \sqrt{R^2 + (X_L - X_C)^2} = \sqrt{R^2 + X^2}$,其中 $X_L = \omega L$(感抗),$X_C = \dfrac{1}{\omega C}$(容抗)。

对图 5-1(b),因 X(电抗)$= X_L - X_C > 0$,电路呈感性,可等效为 R、L 串联电路;若 $X < 0$,则电路呈容性,可等效为 R、C 串联电路。

当电路中有多个电阻、电抗存在时,阻抗理应表示为:

$$Z = \sum R + j\left(\sum X_L - \sum X_C\right)$$

$$Z = \sqrt{\left(\sum R\right)^2 + \left(\sum X_L - \sum X_C\right)^2}$$

当我们知道串联电路总电流 I，总电压 U，总消耗功率 P 时，可计算：$Z = \dfrac{U}{I}$

$\varphi = \arccos \dfrac{P}{IU}$（图 5-1(b)，阻抗三角形各边同乘以 I^2，$P = I^2R$，$UI = I^2Z$）。

电路总电阻：$\sum R = \dfrac{P}{I^2}$

电路总电抗：$\left(\sum X\right)^2 = Z^2 - \left(\sum R\right)^2$

若 $R = R_1 + R'$，已知 U_{R1}，I，P 值，则：$R_1 = \dfrac{U_{R1}}{I}$

容易得出：$R' = \dfrac{P}{I^2} - R_1$。测量出一实际电感元件上的电压值，知道了其内阻 R' 值，容易求出其电感量 L。

2. 实验技术

用生产现场中普遍、常用的仪表去进行交流阻抗的测定，不使用实验室里精密的测量装置，所以测得的结果与理论计算要稍有误差。实验中将会观察到电压表的负载效应（测量时，等于电路被测两端添了个大的阻抗负载），从某种意义上讲，了解这一点有好处。

实 验 器 材

1. 单相调压器（220 V/0～250 V，500 VA）　　　　1 台
2. 交流电流表（0～1 A）　　　　　　　　　　　　1 只
3. 交流电压表（0～150 V～300 V～600 V）　　　　1 只
4. 单相功率表（D26-W）　　　　　　　　　　　　1 只
5. 电感线圈（$L = 300$ mH，允许电流 0.75 A）　　1 只
6. 电容箱（实验中，$C = 24\ \mu$F）　　　　　　　1 只
7. 可变电阻（0～100 Ω，2 A）　　　　　　　　　1 只

实 验 内 容

1. 首先搞清楚调压器、功率表、电流表的具体用法及要求。
2. 将调压器的指针调到"0 V"。
3. 连接图 5-2 实验电路（其中功率表接线请参考图 5-3）负载为负载(a)，连好后，检查无误进行下面步骤。

(1) 徐徐转动调压器，使电流指示为 0.7 A，填入表 5-1 中，且记下功率表所测功率值。

(2) 测量线圈两端电压（$U_{LR'}$），测量值记入表 5-1 中。

(3) 测 R 两端电压（U_R）及负载两端电压 U_1，测量值记入表 5-1 中。

4. 调压器指针回到零，"负载(a)"换成"负载(b)"。

(1) 重复步骤 3"(1)"的内容。

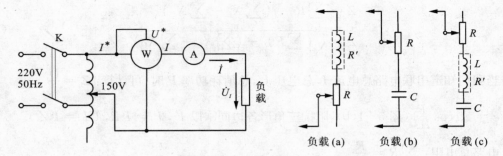

图 5-2　实验电路图

（2）测电压 U_R、U_C、U_1，测量值记入表 5-1 中。

5. 调压器指针回到零，"负载(b)"换成"负载(c)"。

（1）重复步骤 3"（1）"的内容。

（2）测电压 U_R、$U_{LR'}$、U_C 及 U_1，测量值记入表 5-1 中。

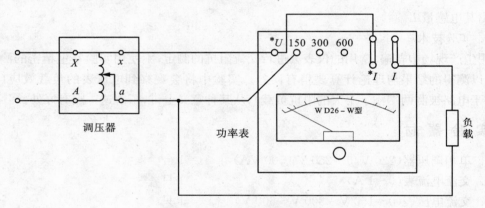

图 5-3　功率表使用接线参考图

注：功率表在使用时应注意，功率表上有几个电压端钮和电流端钮（电压线圈是并联接入电路的，电流线圈是串联接入电路的），电压电流端钮各有一个特殊的符号"±"或"＊"标出，功率表接入电路时都应使电流从"±"或"＊"流向不带"±"或"＊"的端钮（一般根据负载大小情况，电压线圈有前接后接的接法，以减小功率表消耗对测量的影响）。假若将来的某电路中发现功率表接入电路后指针反偏转（如果功率表接线是正确的），应把电流线圈两端钮对调一下接入电路，不应把电压两端钮对调。特别要提醒注意的是：使用功率表时要注意电压量限、电流量限和功率量限。

表 5-1

被测值 顺序	$I(A)$	$P(W)$	$U_R(V)$	$U_C(V)$	$U_{LR'}(V)$	$U_1(V)$
负载(a)						
负载(b)						
负载(c)						

思 考 题

本实验用三表法去测量交流电路参数,你能用其他方法测出电路的参数吗?

作 业

1. 求 R、R'、L。
2. 求出 C。
3. 计算出总阻抗 Z,验证 $\dot{U}_1 = \dot{U}_R + \dot{U}_C + \dot{U}_{LR'}$,做出相量图。
4. 根据你的实验,U_1 等于 $U_R + U_C + U_{LR'}$ 吗? 查验结果正确否?
5. 本实验的误差主要原因是什么?

实验六　电阻电容移相电路

实 验 目 的

1. 了解电阻电容串联电路的移相作用。
2. 学习使用双踪示波器和函数信号发生器。

实验原理简述

RC 串联电路可作移相电路、耦合电路和波形变换电路等。在交流放大器和脉冲数字电路中被广泛使用。本实验仅了解其移相作用。

如果图 6-1(a)所示 RC 线性电路中的输入电压是正弦电压,则电路中各处的电压、电流也都是正弦量,可用相量表示并进行计算。

其电压相量方程为:$\dot{U}_i = \dot{U}_o + \dot{U}_C$

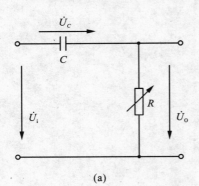

(a)

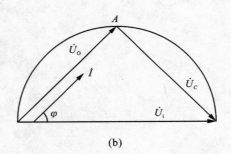

(b)

图 6-1　RC 移相电路及其相量图

从图 6-1(b)所示相量图可以看出,输出电压$\dot{U}_o$的相位超前输入$\dot{U}_i$一个 φ 角,φ 角的数值为:

$$\varphi = \arctan\left|\frac{\dot{U}_C}{\dot{U}_o}\right| = \arctan\frac{1}{\omega RC}$$

如果保持$|\dot{U}_i|$不变,则当改变电源频率(ω)或电路参数 R 或 C 时,φ 角都将改变,而且 A 点的轨迹应当为半圆。

同理,我们也可以从电容上取得滞后于输入电压的输出电压(见图 6-2)。

输入、输出电压的波形及其移相角可用双踪示波器观测。各处电压的有效值可用数字电压表测出。

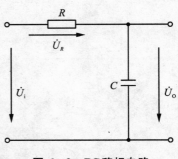

图 6-2　RC 移相电路

实 验 器 材

1. 双踪示波器   1台
2. 数字电压表   1只
3. 函数信号发生器   1台
4. 标准电容箱   1个
5. 交流电阻箱   1个

实 验 内 容

1. 按图6-3接线。使函数信号发生器输出正弦电压(即 RC 电路的输入电压 $\dot{U}_i$)的频率为 1 kHz 左右,有效值为 1 V 左右。用双踪示波器同时观察 $\dot{U}_i$ 与 $\dot{U}_o$ 的波形,并且观察移相角 φ 随电阻箱阻值 R_w 的变化而变化的规律。用数字电压表测出 $\dot{U}_i$,$\dot{U}_o$ 和 $\dot{U}_C$ 的有效值。改变 R_w 值(如表6-1中所给 R_w 值),依次测出 $\dot{U}_C$ 和 $\dot{U}_o$ 的有效值,记入表6-1中。注意,每次改变 R_w 之值后,必须重新调整函数信号发生器的输出电压,使其保持 1 V 不变。

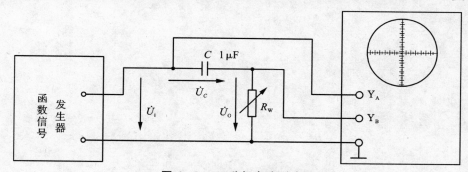

图6-3 RC移相电路测试图

表6-1

测试条件	$U_i=1$ V $f=1\,000$ Hz $C=1\,\mu$F							
$R_w(\Omega)$	25	50	100	150	200	350	500	1 000
U_C(V)								
U_o(V)								

2. 保持电路参数(R_w,C)和输入电压不变,改变信号发生器输出频率,观察移相角 φ 的变化规律。根据表6-2所给的测试条件,用数字电压表测出相应的 U_C 和 U_o,记入表6-2中。注意,每次改变频率之后,必须重新调整信号发生器的输出电压,使其保持不变。

表6-2

测试条件	$U_i=1$ V $R_w=200\,\Omega$ $C=1\,\mu$F							
f(Hz)	200	350	500	700	1 000	1 500	2 500	4 000
U_C(v)								
U_o(v)								

思 考 题

若有一 RC 电路如图 6-4 所示，试分析输出电压相位角的变化范围是多少？

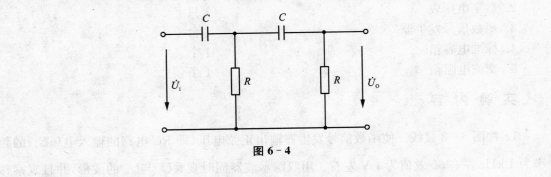

图 6-4

作 业

1. 根据表 6-1 中所测各电压的数据，画出相量图，并进行分析、讨论。
2. 根据表 6-2 中所测各电压的数据，画出相量图，并进行分析、讨论。

实验七　串　联　谐　振

实验目的

由实验确定 R、L、C 串联电路特征及谐振频率，进一步对 RLC 串联电路进行了解。

实验原理简述

1. 串联谐振电路的特征

我们知道串联谐振电路阻抗以公式 $Z = \sqrt{R^2 + (X_L - X_C)^2}$ 给出阻抗与电流等随频率变化的曲线，如图 7-1 所示，X_L、X_C 相互起抵消作用。当 X_L 和 X_C 等值时，即 X_L 与 X_C 完全抵消，也说明了当磁场能量增加到某一数值时，电场能量就一定减少到同一数值（反之亦然），电磁能与电源之间没有来往。

此时 $Z = \sqrt{R^2 + (0)^2}$，阻抗最小，电流最大$\left(I = \dfrac{U}{R}\right)$，$L$、$C$ 上的电压相等。处于此条件下的这一频率叫做谐振频率 f，$f_0 = \dfrac{1}{2\pi \sqrt{LC}}$。则电路的品质因数 $Q = \dfrac{1}{\omega_0 CR} = \dfrac{\omega_0 L}{R}$。

串联谐振时，U_L 或 U_C 是电源电压 U 的 Q 倍。

2. 串联谐振电路的应用

串联谐振电路广泛用于电子通讯中，试举一例。

假若如图 7-2 电路，利用 L、C 组成一个陷阱，以掩埋频率为 f_0 的无用频率。L、C 电路达到谐振频率时，Z 最小，即无线电送来的频率为 f_0 的信号通过 C 和 L 构成的谐振电路时，在收音机外围旁路，消除掉一个不需要的电台或干扰。

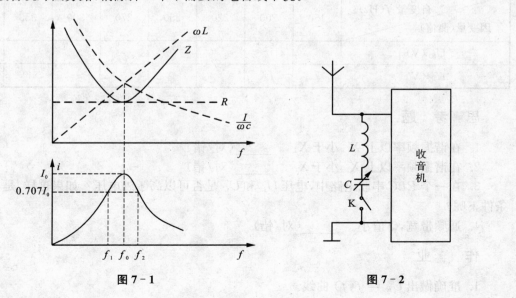

图 7-1　　　　　　　　　　　　　　图 7-2

实 验 器 材

1. 函数信号发生器　　　　　　　　　　　1台
2. 交流毫伏表　　　　　　　　　　　　　1台
3. 电阻 120 Ω、180 Ω　　　　　　　　　各1只
4. 电容(1 μF)　　　　　　　　　　　　　1只
5. 电感线圈(电感量约 300 mH,内阻约 40 Ω)　1只

实 验 内 容

1. 按图 7−3 接线,图中激励电源是由函数信号发生器产生的正弦交流电压。

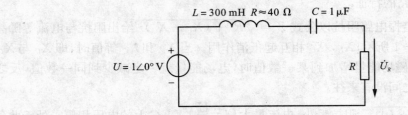

$L = 300 \, \text{mH}$　$R \approx 40 \, \Omega$　$C = 1 \, \mu\text{F}$

$U = 1\angle 0° \, \text{V}$

R　$\dot{U}_R$

图 7−3

2. 开启函数信号发生器,使输出正弦电压最小。

3. 令 $R = 120 \, \Omega$,检查无误,调 $U = 1 \, \text{V}$,改变频率,测此电阻两端电压(U_{R1}),其值记入表 7−1 中。

4. 令 $R = 180 \, \Omega$,要求同步骤 3,测此电阻两端电压(U_{R2}),其值也记入表 7−1 中。

注:每改变一次函数信号发生器频率,要校正 $U = 1 \, \text{V}$。

表 7−1

自变量 f(Hz) 因变量(测值)	150	200	220	250	270	300	350	400
U_{R1} (V)								
U_{R2} (V)								

思 考 题

1. 在谐振频率以上 X_C 小于 X_L。_____(对/错)
2. 在谐振频率以上 X_L 小于 X_C。_____(对/错)
3. 在一个 RLC 串联电路中,电压 U_L 和 U_C 是否可以高于外电压? 如果这样,是在什么条件下呢?
4. 通频带宽,Q 值小。_____(对/错)

作 业

1. 准确做出 $U_R = f(f)$ 曲线。

2. 由曲线找出谐振点 $f_0 =?$，并与计算值比较。

3. 由曲线找出通频带宽（$\Delta f = f_2 - f_1$）与计算值相比较。$\left(\Delta f = \dfrac{1}{2\pi} \cdot \dfrac{R+r}{L}\right)$

4. 比较不同 Q 值下的所测曲线。

5. 误差原因分析。

实验八　功率因数的提高

实 验 目 的

1. 了解提高功率因数的意义和方法。
2. 学习解决一个实际问题——感性负载功率因数的提高。

实验原理简述

1. 意义

计算交流电路的平均功率,与计算直流电路功率是有区别的。计算交流电路的平均功率时还要考虑电压与电流间的相位差 φ,见图 8-1。

即:$P = UI\cos\varphi$

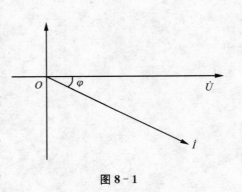

由于实际上大量电感性负载的存在,功率因数($\cos\varphi$)较低,致使发电机设备的容量不能充分利用,并增加了线路和发电机绕组上的功率损耗(U、P 一定时,功率因数越高,输电线中的电流越小)。

可见提高电网的功率因数对提高供电质量,节约能源有着重要的意义。

图 8-1

例如:某变电所变压器额定容量为 10 000 VA,但功率因数过低,$\cos\varphi = 0.65$,当有功功率 $P = 6\,500$ kW 时,变压器已达额定容量$\left(S = \dfrac{P}{0.65} = \dfrac{6\,500}{0.65} = 10\,000 \text{ VA}\right)$,当 $\cos\varphi = 0.95$,在变压器额定容量不变的情况下,问能多发出多少功率。

解:$P = S \cdot \cos\varphi = 10\,000 \times 0.95 = 9\,500(\text{kW})$

$9\,500 - 6\,500 = 3\,000(\text{kW})$

可见能多发出 3 000 kW 的有功功率。

2. 方法

提高 $\cos\varphi$,也就是减少电源与负载之间的"能量互换",但电感性负载自然所需的无功功率由谁负担? 我们自然想到的是与电感持相反性质的电容。提高功率因数,常用的方法就是与负载并联电容器。本实验采用这一方法。

从图 8-2 电路图可见,C 并联前 $I = I_1$,与 U 相位差为 φ_1;C 并联后,I 与 U 相位差为 φ,功率因数 $\cos\varphi$ 得以提高,$I < I_1$。

通过(b)相量图,可导出计算并联电容计算公式:$C = P(\tan\varphi_1 - \tan\varphi)/\omega U^2$。

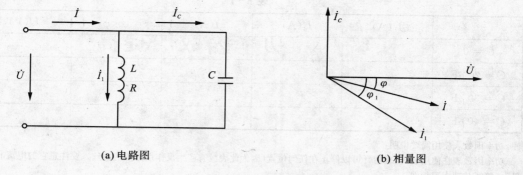

(a) 电路图　　　　　　　　(b) 相量图

图 8 - 2

实 验 器 材

1. 单相低功率因数表（D26～cos φ 型）　　　　　1 只
2. 交流电压表（0～150 V～300 V）　　　　　　　1 只
3. 交流电流表（0～1 A）　　　　　　　　　　　1 只
4. 调压器（220 V / 0～250 V，500 VA）　　　　　1 台
5. 可变电感线圈　　　　　　　　　　　　　　　1 只

实 验 内 容

1. 查知功率因数表的用法、要求。
2. 把调压器指针转到"0"。
3. 接好实验图图 8 - 3，检查无误，进行下面步骤。

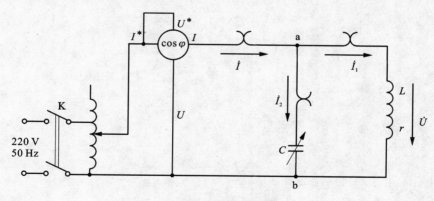

图 8 - 3　实验电路图

（1）令电容 C 为零（等于 ab 之间断开）。

（2）ab 之间并上电压表，徐徐加电压，使 $I_1 = 0.7$ A，测出 ab 之间电压 U，填入记录表 8-1 中。

4. 分别令 $C = 20\,\mu\text{F}$，$30\,\mu\text{F}$，$40\,\mu\text{F}$，先测 I_1（I_1 每次都要求为 0.7 A），再测 I、I_2，及每次 cos φ，读数记入表 8-1 中。

表 8-1

	I_1(A)	I_2(A)	I(A)	$\cos\varphi$	U(V)
$C = 0$					
$C = 20\,\mu\text{F}$					
$C = 30\,\mu\text{F}$					
$C = 40\,\mu\text{F}$					

注:功率因数表使用简要说明:

功率因数表在使用前,仪表指针可以停止在任何位置(因为此表没有产生反作用力矩的游丝);要注意它的电流和电压量限;接线与功率表相似。

思 考 题

1. 为什么不用串联电容的方法提高功率因数?

2. 并联电容后,因为负载中的电流减小了,所以功率因数提高。__(对/错)

3. 单纯从提高功率因数角度看,电容 C 可无限制地加大,C 越大,$\cos\varphi$ 越高。__(对/错)

作 业

1. 从测量数据中,求出线圈 L、r 及并联电容的数值。

2. 作出 $C = 20\,\mu\text{F}$ 时的电压、电流相量图,验证基尔霍夫电流定律。

3. 并联电容后,功率因数变化如何,要使功率因数为 0.98,理论计算应并联多大电容?

实验九　感应耦合电路

实 验 目 的

1. 观察互感现象。
2. 测定两个耦合线圈的同名端、互感系数和耦合系数。
3. 研究空心变压器的次级回路对初路回路的影响。

实验原理简述

图 9-1 中的 L_1 与 L_2 是两个电感线圈,它们之间没有电的直接联系。但当一个线圈接上交流电源后,则另一线圈两端所接的指示灯会亮,这是因为两个线圈之间具有一定的互感 M,两个线圈之间有磁的耦合。若改变两个线圈的相对位置,指示灯的亮度也会改变,这是因为耦合松紧不同的结果。指示灯最亮的位置,即耦合最紧的位置,也是互感 M 最大的位置。

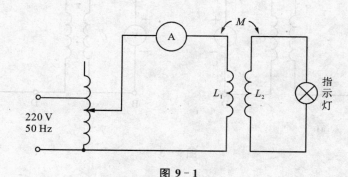

图 9-1

互感的大小,不仅与两线圈的相对位置有关,而且与它们的几何尺寸、线圈匝数以及周围的介质等都有关系。如果在两个线圈的轴心上插入铁心,指示灯会变得更亮,但是如果在两线圈间用铁板分隔,指示灯又会变暗,甚至不亮。

1. 常用的判别同名端的方法

两个具有互感 M 的电感线圈,它们的同名端决定于两线圈的实际绕向和它们之间的相对位置,但无法判断其绕向和相互位置时,可根据同名端的定义,用实验的方法来确定。

(1) 直流通断法,如图 9-2 所示。线圈 1 经开关 K 接于直流电源,线圈 2 两端接电压表,当开关 K 闭合瞬间,线圈 2 产生互感电动势,若电压表正向偏转,则 A、C 为同名端,若电压表反向偏转,则 A、C

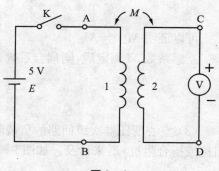

图 9-2

为异名端。

（2）等效电感法。具有互感为 M，电感分别为 L_1 和 L_2 的两个线圈，若将两线圈的异名端相联，作正向串联（串联顺接）时，其等效电感为 $L_正 = L_1 + L_2 + 2M$；若将两线圈的同名端相联，作反向串联（串联反接）时，其等效电感 $L_反 = L_1 + L_2 - 2M$。显然，等效电感 $L_正 > L_反$，其等效电抗 $X_正 > X_反$，在相同的正弦电压作用下，正向串联时的电流小，反向串联时的电流大，利用这一关系，即可判断两个线圈的同名端。

2. 互感 M 的测定

（1）由正反方向串联的等效电感 $L_正$ 和 $L_反$，可用下式求得互感 M：

$$M = \frac{L_正 - L_反}{4}$$

这种方法，准确度不高，特别是在 $L_正$ 和 $L_反$ 的数值比较接近时，误差较大。

（2）互感电压法，在图 9-3(a) 中，若电压表内阻足够大，则有

$$U_2 \approx \omega M_{21} I_1$$

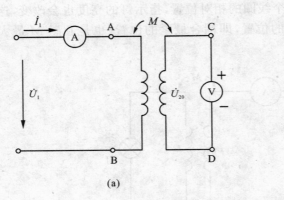
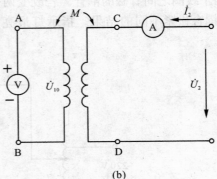

(a)　　　　　　　　　　　　　　　(b)

图 9-3

所以 $M_{21} = \dfrac{U_{20}}{\omega I_1}$。

同样在图 9-3(b) 所示电路中有

$$M_{12} = \frac{U_{10}}{\omega I_2}$$

可以证明 $M_{12} = M_{21}$

互感系数 M 测定后，则耦合系数 K 可由下式计算：

$$K = \frac{M}{\sqrt{L_1 \cdot L_2}}$$

（3）空心变压器次级回路的负载阻抗 Z_L 对初级回路的影响可以用反映阻抗（又称反射阻抗或折合阻抗）Z_1' 来计及。如图 9-4 所示。

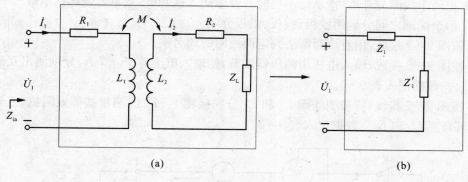

图 9-4

初级的入端阻抗为

$$Z_{in} = \frac{U_1}{I_1} = Z_{11} + Z_1' = (R_1 + R_1') + j(X_1 + X_1')$$

这里,反映电阻与反映电抗分别为

$$R_1' = \frac{X_M^2}{R_{22}^2 + X_{22}^2} R_{22}$$

$$X_1' = -\frac{X_M^2}{R_{22}^2 + X_{22}^2} X_{22}$$

式中,$R_{22} = R_2 + R_L$ 为次级回路电阻之和,$X_{22} = X_2 + X_L$ 为次级回路电抗之和,反映电阻 R_1' 始终为正值,反映电抗 X_1' 与 X_{22} 互为异号,即 X_{22} 为感性时,X_1' 为容性;X_{22} 为容性时,X_1' 为感性。

实 验 器 材

1. 调压器	0~250 V /2 A	1 台
2. 互感线圈	盘形线圈 L_1 与 L_2 同芯环绕	2 只
3. 指示灯泡	6.3 V	1 只
4. 交流电流表	T23A(参考)	1 只
5. 万用表		1 只
6. 功率表	D26—W	1 只
7. 可调直流稳压电源	(0~30 V)	1 台
8. 铁管 铁板 铜板 铝板		各 1 块
9. 电容箱		1 只

实 验 内 容

1. 按图 9-1 接线,并按下列要求观察互感现象。令图 9-1 中电流表指示为 0.4 A 左右。

(1) 改变两个线圈的几何轴线的相对位置。

(2) 改变两个线圈的相对距离。

(3) 把两个线圈分开后(指示灯不亮时),慢慢插入铁管(注意不要烧坏指示灯)。

(4) 两个线圈之间分别用铁板、铜板、铝板分隔。

2. 按图 9 - 2 接线,用直流通断法判定两线圈的同名端。

3. 按图 9 - 3 接线,输入电压用调压器调节,使输入电流等于 0.7 A,分别测出互感电压 U_{20} 及 U_{10}。数据记入表 9 - 1。

4. 按图 9 - 5 接线,将被测线圈 L_1 和 L_2 分别接在 $1 - 1'$ 处,测量其等效阻抗(三表法)。计算出其自感 L_1 和 L_2。数据记入表 9 - 2。

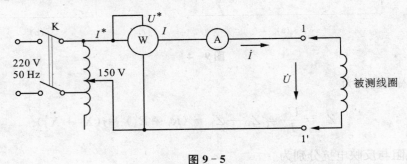

图 9 - 5

5. 将线圈 1 与 2 组成空心变压器(线圈 1 为原方,线圈 2 为副方),将空心变压器的原方接在图 9 - 5 的 $1 - 1'$ 两端,分别测出下列情况下的初级等效阻抗,数据计入表 9 - 3。

(1) 次级回路开路($Z_L = \infty$)。

(2) 次级回路短路($Z_L = 0$)。

(3) 次级回路接电容负载($C = 20\,\mu\text{F}$)。

记录表:

表 9 - 1

$I_1(\text{A})$	$U_{20}(\text{V})$	M_{21}	$I_2(\text{A})$	$U_{10}(\text{V})$	M_{12}
0.7			0.7		

表 9 - 2

被测量	测 量 数 据			计 算 结 果			
	$I(\text{A})$	$U(\text{V})$	$P(\text{W})$	$Z(\Omega)$	$R(\Omega)$	$X(\Omega)$	$L(\text{H})$
L_1	0.7						
L_2	0.7						

表 9 - 3

次级负载	测 量 数 据			计算初级等效阻抗		
	$U(\text{V})$	$I(\text{A})$	$P(\text{W})$	$Z(\Omega)$	$R_1 + R_1'$	$X_1 + X_1'$
$Z_L = \infty$		0.5				
$Z_L = 0$		0.5				
$Z_L = -jX_C$		0.5				

思 考 题

耦合系数 $K = \dfrac{M}{\sqrt{L_1 \cdot L_2}}$，$K$ 值的大小说明什么问题？

作 业

1. 阐述所观察到的互感现象。说明互感系数 M 与哪些因素有关。

2. 完成表 9-1 中的计算，并验证 $M_{12} = M_{21}$。

3. 完成表 9-2 中的计算，并根据 L_1 与 L_2 的数值计算出耦合系数 K。

4. 完成表 9-3 中的计算，并根据表 9-1，表 9-2 中测得的参数，计算空心变压器次级回路短路时初级回路的等效阻抗 Z_{in}，并与表 9-3 中的结果进行比较。

实验十　三相交流电路负载联接

实　验　目　的

1. 熟悉三相负载的两种接法。
2. 清楚对称与不对称三相电路中电流、电压的线值与相值关系。
3. 了解三相四线制中线的作用。

实验原理简述

三相交流电路是一种复杂交流电路。三相交流电动势是由三相交流发电机产生的，三相正弦交流电压为：

$$u_A = \sqrt{2}U\sin\omega t$$
$$u_B = \sqrt{2}U\sin(\omega t - 120°)$$
$$u_C = \sqrt{2}U\sin(\omega t + 120°)$$

这是对称三相电压，这一复杂交流电路有它的特殊面貌。

1. 负载的星形连接（Y）

图 10-1 电路，电源相电压等于负载相电压。

$$U_{AO} = U_{BO} = U_{CO} = U_{相} \quad U_{A'O'} = U_{B'O'} = U_{C'O'} = U_{相'} \quad U_{相} = U_{相'}$$

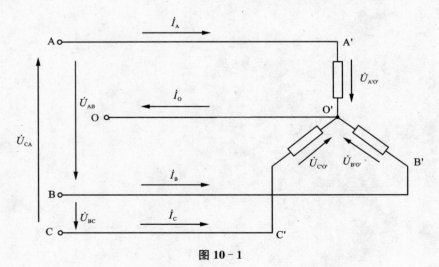

图 10-1

按图 10-1 相电压、线电压的参考方向。

若令：

相电压：

$$\dot{U}_{AO} = U_{AO}\angle 0°$$

则相电压：

$$\dot{U}_{BO} = U_{BO}\angle -120° \quad \dot{U}_{CO} = U_{CO}\angle +120°$$

根据 KVL 可得

$$\dot{U}_{AB} = \sqrt{3}\dot{U}_{AO}\angle 30° \quad \dot{U}_{BC} = \sqrt{3}\dot{U}_{BO}\angle 30° \quad \dot{U}_{CA} = \sqrt{3}\dot{U}_{CO}\angle 30°$$

线电压也是对称的，$U_{AB} = U_{BC} = U_{CA}$。

显然，它们的有效值是相电压的 $\sqrt{3}$ 倍，即 $U_{线} = \sqrt{3}U_{相}$。

从图 10 - 1 容易看到：

流过各端线电流（线电流）= 流过对应的各相负载电流（相电流）

$$I_{线} = I_{相}$$

当负载(Y)对称时，负载中点与电源中点电位相等，图 10 - 1 三相四线制中线不起作用，可以省去，即变为所谓的三相三线制电路。

但是，若负载不对称，又无中线，则负载、电源中点电位不等，负载相电压高低不一（$U_{相} \neq U_{相'}$）。照明电路设计时，可使三相负载对称分配，但用户使用时，三相负载是不会对称的，若用三相三线制，后果不堪设想，根本无法工作。所以照明电路中用三相四线道理就在于此，也就是说，引入中线，强迫电源中点与负载中点电位相等，这也是中线要比较粗，机械强度要强的原因所在。

2. 三角形联接(△)

接成"△"的负载，如图 10 - 2 所示，是直接接在电源的线电压（当然是对称的）下工作，负载的相电压与电源的线电压相等，不论负载对称与否，其相电压都是对称的。

$$U_{线} = U_{相}$$

但线电流和相电流则有区别，根据 KCL 可知，各线电流分别等于相邻两个相电流之差。

$$\dot{I}_A = \dot{I}_{A'B'} - \dot{I}_{C'A'}$$

$$\dot{I}_B = \dot{I}_{B'C'} - \dot{I}_{A'B'}$$

$$\dot{I}_C = \dot{I}_{C'A'} - \dot{I}_{B'C'}$$

在对称电路中

$$\dot{I}_A = \sqrt{3}\dot{I}_{A'B'}\angle -30°$$

$$\dot{I}_B = \sqrt{3}\dot{I}_{B'C'}\angle -30°$$

$$\dot{I}_C = \sqrt{3}\dot{I}_{C'A'}\angle -30°$$

$$I_{A'B'} = I_{B'C'} = I_{C'A'}$$

$$I_{线} = \sqrt{3}I_{相}$$

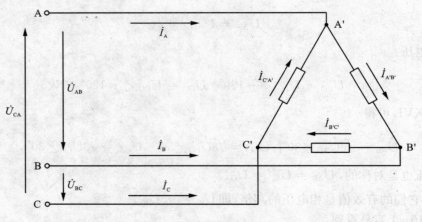

图 10 - 2

实 验 器 材

1. 电源：380 V～220 V
2. 灯箱实验板一块（灯泡 220 V-60 W　18 只）　　　其连接见图 10 - 3 实验板
3. 交流电压表（0～150 V～300 V～600 V）　　　　　1 只
4. 交流电流表（0～1 A～2 A）　　　　　　　　　　1 只
5. 电流插座，电流插头　　　　　　　　　　　　　各 1 只
6. 另备单刀单投开关　　　　　　　　　　　　　　1 只

实 验 步 骤

实验电路板如图 10 - 3 所示，负载采用白炽灯做三相负载。

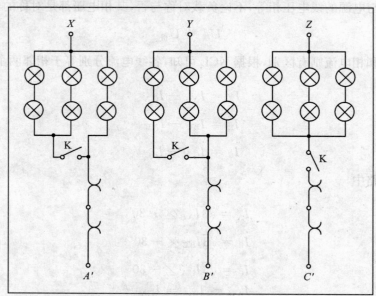

图 10 - 3

1. 将负载接成三角形,检查无误,送电,分别测量负载在对称与不对称情况下的线电压、线电流与相电流,完成表 10-1。

2. 将负载接成星形(负载中点与电源中点接入开关及电流插座),检查无误方可送电,分别测负载对称与不对称的线电压、相电压、线电流、中线电流及中点电压,其值记入表10-2中。

3. 观察性实验:星形联接无中线,一相负载为一只 3 μF 电容,令二相负载分别为 60 W 灯炮(两串三并),观察灯光明暗判定相序。说明它们之间的关系。

表 10-1 "△"形连接

内容与数据 \ 负载情况		对称负载			不对称负载			* 不对称负载		
	相名	A	B	C	A	B	C	A	B	C
	灯亮数	6	6	6	2	4	6	6	6	0
相电压(V)	$U_{A'B'}$									
	$U_{B'C'}$									
	$U_{C'A'}$									
相电流(A)	$I_{A'B'}$									
	$I_{B'C'}$									
	$I_{C'A'}$									
线电流(A)	I_A									
	I_B									
	I_C									

注:负载不对称时,令亮灯数:$A_{相}$:$B_{相}$:$C_{相}$ = 2:4:6。打"*"号属选做内容。

表 10-2 "Y"形连接

内容与数据 \ 负载情况		负载对称		负载不对称	
		有中线	无中线	有中线	无中线
线电压(V)	$U_{A'B'}$				
	$U_{B'C'}$				
	$U_{C'A'}$				
相电压(V)	$U_{A'O'}$				
	$U_{B'O'}$				
	$U_{C'O'}$				
$U_{OO'}$(V)					
线电流(A)	I_A				
	I_B				
	I_C				
$I_{OO'}$					

思 考 题

1. 有一台三相交流电动机，额定相电压为 220 V，今用在线电压为 220 V 的电源上，则电动机应作什么联接？如果用在线电压为 380 V 的电源上，电动机又应怎么联接？

2. 你所知道的，采用三相交流电的优点有哪些？

作 业

1. 总结对称和不对称负载作为星形和三角形联接时电流、电压的线值与相值之间的关系。

2. 根据实验数据，按比例绘出实验内容"Y"联接的以下相量图。

(1) 对称时的电压和电流的相量图。

*(2) 不对称时的电压和电流的相量图。

3. 通过实验，你对中线的作用有何体会？

实验十一　三相电路功率的测量

实验目的

1. 学习用三瓦表法和二瓦表法测量三相电路的有功功率。
2. 了解对称三相电路无功功率的测量方法。

实验原理简述

1. 根据电动系单相功率表的基本原理，在测量交流电路中负载消耗的功率（见图 11 - 1）时，其读数 P 决定于公式 $P = UI\cos\varphi$。

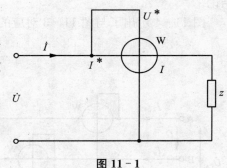

图 11 - 1

式中，U 为功率表电压线圈两端的电压（负载的端电压），I 为流过功率表电流线圈的电流（负载中的电流），φ 为 $\dot{U}$ 与 $\dot{I}$ 之间的相位差角。

2. 三相四线制电路中，负载消耗的总功率 P 可用三只功率表分别测出 A、B、C 各相负载的功率，然后相加，即

$$P = P_A + P_B + P_C$$

式中，P_A、P_B、P_C 分别为 A、B、C 相每相负载消耗的功率，这种测量方法称为三瓦表法（见图 11 - 2）。若三相电路对称，则每相负载消耗的功率相同，这时，只需测出一相负载的功率，将其读数乘以 3 即为三相总功率。

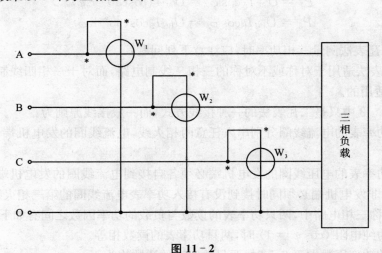

图 11 - 2

使用三瓦表法应注意，因为测的是每相负载的功率，故功率表的电流（或电压）线圈应反映的是该相的相电流（或相电压）。对于三相三线制"Y"形负载，三只功率表的电压线圈公

共端应接在负载的中性点 O' 上。对于三相三线制"△"形负载,在能够分别测出每相电流和电压的情况下(如本实验中的三相灯箱板),亦可用三瓦表法测定三相总功率。但三瓦表法一般多用于三相四线制电路。

3. 在三相三线制电路中,通常用两只功率表测量三相总功率,又称二瓦表法。如图 11-3 所示,三相负载所消耗的总功率 P 为两只功率表读数的代数和,即

$$P = P_1 + P_2 = U_{AC}I_A\cos\varphi_1 + U_{BC}I_B\cos\varphi_2$$
$$= P_A + P_B + P_C$$

式中,P_1 和 P_2 分别表示两只功率表的读数。利用功率表的瞬时表达式,不难推出上述结论。

图 11-4 示出了与图 11-3 对应的电压、电流相量图。

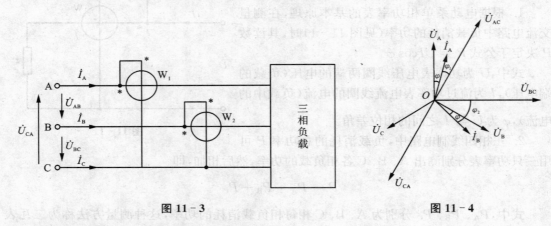

图 11-3   图 11-4

当负载对称时,两只功率表的读数分别为

$$P_1 = U_{AC}I_A\cos\varphi_1 = U_{AC}I_A\cos(30° - \varphi)$$
$$P_2 = U_{BC}I_B\cos\varphi_2 = U_{BC}I_B\cos(30° + \varphi)$$

在使用二瓦表法测量三相功率时,应注意下列问题:

(1) 二瓦表法适用于对称或不对称的三相三线制电路,而对于三相四线制电路(中线有电流时)是不适用的。

(2) 图 11-3 中只是二瓦表法的一种接线方式,而一般接线原则为:

① 两只功率表的电流线圈分别串入任意两相火线,电流线圈的发电机端(对应端)必须接在电源侧。

② 两只功率表的电压线圈的发电机端必须各自接到电流线圈的发电机端,两只功率表的电压线圈的非发电机端必须同时接到没有接入功率表电流线圈的第三相火线上。

(3) 在对称三相电路中,两只功率表的读数与负载的功率因数之间有如下的关系:

① 负载为纯电阻($\cos\varphi = 1$)时,两只功率表的读数相等。

② 负载的功率因数大于 0.5 时,两只功率表的读数均为正。

③ 负载的功率因数等于 0.5 时,某一只功率表的读数为零。

④ 负载的功率因数小于 0.5 时,某一只功率表的指针会反向偏转。为了读数,要将功

率表上的换向开关由"＋"转至"－"的位置(功率表内的电压线圈被反向),使指针正向偏转,但读数取为负值。

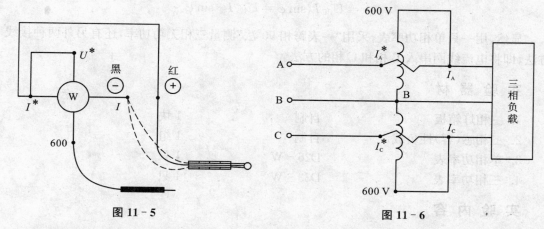

图 11－5   图 11－6

在实际应用中还有三相瓦特表,如图 11－6 所示。它是一个二单元的三相瓦特表,实质上是"二瓦表"的组合,共用一个示数机构,三相总功率可由表中直接读出。

4. 在对称三相电路中,还可以用二瓦表法测得的读数 P_1、P_2 来求出负载的无功功率 Q 和负载的功率因数角 φ,其关系式为:

$$Q = \sqrt{3}(P_1 - P_2)$$

$$\varphi = \arctan \sqrt{3}\left(\frac{P_1 - P_2}{P_1 + P_2}\right)$$

5. 对称三相电路中的无功功率还可以用一只功率表来测量:如图 11－7(a)所示,此法称为"一表跨相 90°法"。

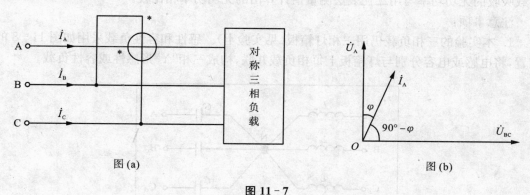

图(a)   图(b)

图 11－7

将单相有功功率的电流线圈串入三相电路的任一相中(发电机端"＊"应接在电源侧),电压线圈的发电机端按相序接入下一相,非发电机端接入再下一相。此时无功功率 Q 为:

$$Q = \sqrt{3}P$$

式中,P 是功率表的读数。当负载为感性时,功率表正向偏转;负载为容性时,功率表反向偏转(读数取负值)。

图 11-7(b)是相应的相量图,当三相电路完全对称时,功率表的读数为

$$P = U_{BC}I_A\cos(90° - \varphi)$$
$$= U_{BC}I_A\sin\varphi = U_{线}I_{线}\sin\varphi$$

显然,用一只单相功率表,采用"一表跨相 90°法"测量三相无功功率,还有另外两种接线方法,即将电流线圈串入 B 相和 C 相的方法。

实 验 器 材

1. 三相灯箱板	自制	1块
2. 三相感(容)性负载	自制	1组
3. 单相功率表	D26-W	1只
4. 三相功率表	D33-W	1只

实 验 内 容

1. 测量三相四线制电路中负载消耗的有功功率(记录表格自拟)。

(1) 用三瓦表法和二瓦表法测量对称电阻性负载的有功功率。

(2) 用三瓦表法测量不对称负载的有功功率,然后再用二瓦表法测量,并与三瓦表法测得的结果相比较。

2. 测量三相三线制"Y"形电路中负载消耗的有功功率和吸收的无功功率(记录表格自拟)。

(1) 用二瓦表法测量不对称负载的有功功率。

(2) 用三瓦表法测量不对称负载的有功功率。

(3) 用二瓦表法测量对称感性和容性负载的有功功率;并用"一表跨相 90°法"测量三相负载吸收的无功功率与用二瓦表法测量值计算出的无功功率相比较。

注意事项:

1. 本实验的三相负载仍用三相灯箱板(见实验十)。感性和容性负载采用如图 11-8 的装置,将电感或电容分别与灯箱板上每相负载并联,构成三相"Y"形感性或容性负载。

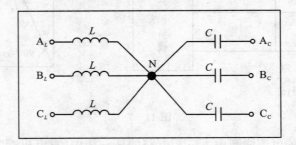

图 11-8

2. 使用单相功率表测量有功功率时,采用图 11-5 的接线,功率表的电流线圈通过电流插头接入电路,电压线圈通过测棒接到被测点。

3. 启动时,电流插头不能插在插孔中,以免因启动电流过大而损坏仪器仪表。

4. 要正确选择功率表的电压和电流量限。

思 考 题

1. 说明为什么二瓦表法一般不适用于三相四线制负载?
2. 在本实验中,对称感性和容性负载的功率因数的大致范围各是多少?

作 业

1. 根据实验数据和结果,说明三瓦表法测量三相电路有功功率的适用场合。
2. 根据"一表跨相 90°法"测量三相电路无功功率的原理,画出其他两种接线方法的线路图。

实验十二　非正弦周期电流电路

实 验 目 的

1. 加深对非正弦周期性电压的傅里叶级数分解的理解。
2. 验证非正弦各次谐波分量的有效值的关系。
3. 认识不同系列的指示仪表测量非正弦波时示值的意义。
4. 观察非正弦电路中,电感和电容对电流波形的影响。

实验原理简述

1. 对于非正弦周期性电流电路的计算。常将电压和电流分解成傅里叶三角级数的形式,把非正弦周期电流电路的计算化为一系列不同频率正弦电流电路的计算。如非正弦波电压 $u(t)$ 和 $i(t)$ 电流可分别写成:

$$u(t) = U_0 + \sum_{k=1}^{\infty} U_{km} \sin(K\omega t + \varphi_{uk})$$

$$i(t) = I_0 + \sum_{k=1}^{\infty} I_{km} \sin(K\omega t + \varphi_{ik})$$

由此可以看出,非正弦波的电压和电流分别为在各种频率正弦量单独作用下在电路中产生正弦电压分量和电流分量的叠加。

2. 非正弦周期电压和电流的有效值,等于它的恒定分量的平方与各次谐波电压或电流有效值的平方之和的平方根值。
即:

$$U = \sqrt{U_0^2 + U_1^2 + U_2^2 + \cdots}$$

$$I = \sqrt{I_0^2 + I_1^2 + I_2^2 + \cdots}$$

3. 对于同一非正弦周期电压或电流,当用不同类型的指示仪表进行测量时,由于各种类型的仪表的作用原理不同,将会得到不同的结果。即不同系列的指示仪表用于同一非正弦量的测量时,其示值有着不同的含意。

(1) 磁电系仪表测得的结果是恒定分量(直流分量) A_0。

因为磁电系仪表只能用于直流电路进行测量,其指针偏转角只能反映瞬时转矩的平均值。磁电系仪表偏转角

$$\alpha \propto \frac{1}{T} \int_0^T A(t) \, dt$$

式中,$A(t)$ 为非正弦周期函数。

(2) 电磁系仪表测得的结果是有效值。

电磁系仪表的偏转角 $\alpha = \dfrac{1}{2D}I^2\dfrac{\mathrm{d}L}{\mathrm{d}\alpha}$，若 $\dfrac{\mathrm{d}L}{\mathrm{d}\alpha}$ 为常数时，则用于非正弦周期信号测量时，其偏转角与非正弦周期电压或电流有效值的平方成正比。即：

$$\alpha \propto \frac{1}{T}\int_0^T A^2(t)\,\mathrm{d}t$$

（3）电动系仪表测得的是有效值。

电动系仪表的偏转角 $\alpha = KI_1I_2\cos\varphi$，其偏转角与固定线圈及活动线圈中的电流有效值及它们之间夹角的余弦成正比，当用于电压或电流（正弦或非正弦）测量时，其偏转角与被测电压或电流有效值的平方成正比。

（4）整流系仪表测得的是平均值（绝均值）。

所谓整流系仪表就是磁电系表头与整流线路的组合，如万用表的交流档。由于整流系仪表包括有整流线路，因此，它的测量结果是平均值（绝均值）。

虽然整流系仪表测得的是平均值，但是万用表的交流档的表盘刻度是按相应的正弦有效值来刻度的。因此，用万用表的交流电压档 $\overset{\sim}{\text{V}}$ 去测量非正弦波电压时，示值是没有物理意义的，必须把它换算成非正弦电压的绝均值 V_{av}。整流电路通常有半波整流和全波整流两种，其换算系数分别为：

全波整流型：

$$U_{av} = \frac{1}{T}\int_0^T |u(t)|\,\mathrm{d}t = \frac{2}{T}\int_0^{\frac{T}{2}} U_m\sin\omega t\,\mathrm{d}t = \frac{2U_m}{\pi} = \frac{U}{1.11}$$

即：示值 $U = 1.11U_{av}$

半波整流型：

$$U_{av半} = \frac{1}{T}\int_0^{\frac{T}{2}} |u(t)|\,\mathrm{d}t = \frac{1}{T}\int_0^{\frac{T}{2}} U_m\sin\omega t\,\mathrm{d}t = \frac{U_m}{\pi} = \frac{U}{2.22}$$

即：示值 $U = 2.22U_{av}$

全波整流型仪表在测任意非正弦周期信号时，均可按 $U_{av} = \dfrac{U}{1.11}$ 换算。但半波整流仪表不然，例如，当非正弦周期信号波形的正、负面积不等时，经过半波整流后，决定仪表偏转的可能是前半个周期信号的平均值形成的，亦可能是后半个周期信号的平均值形成的，两者决不相等，同时，也不能确定非正弦量的一个周期内的平均值。因此，在用半波整流型仪表测量时，应该是调换表笔测两次，读数和除以 2.22，换算出非正弦量的平均值。

为了便于记忆，可将整流系仪表（不论是全波表还是半波表）测量任意非正弦周期量的平均值时的换算关系统一为：调换表笔测两次，读数和除以 2.22。

4. 非正弦周期量的有效值、平均值和最大值之间的关系可以通过波形因数 $K_f = \dfrac{A}{A_{av}}$，波顶因数 $K_c = \dfrac{A_m}{A}$，和畸变因数 $K_j = \dfrac{A_1}{A}$ 来反映，其中，A——有效值，A_m——最大值，A_{av}——平均值，A_1——基波有效值。

5. 在非正弦电流电路中，接入电感或电容时，感抗和容抗对高次谐波的反应是不同的，由于感抗和频率成正比,而容抗与频率成反比,所以电抗有使高次谐波电流相对削弱的作用,而电容有使高次谐波电流相对增强的作用。

6. 本次实验为了获得三次谐波电压,采用图 12-1 的装置,将三个单相变压器的初级作无中线的星形联接,次级接成开口三角形。

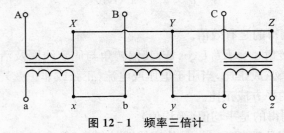

图 12-1 频率三倍计

初级 A、B、C 端钮接三相对称电源,由于铁心饱和,且无中线(零序电流没有通路),初级电流近似于正弦波,故铁芯中磁通变化将是非正弦的,又由于次级是接成开口三角形,所以在开口端 a、z 之间的电压,主要是三次谐波电压,故称之为频率三倍计。

实 验 器 材

1. 频率三倍计		1 台
2. 单相调压器	(0～250 V/0.5～1 A)	1 台
3. 双踪示波器		1 台
4. 交流电压表	(0～150 V～300 V～600 V)	1 只
5. 万用表	MF—30[半波型(参考)]	1 只
6. 电感线圈	自制	1 只
7. 滑线电阻	100 Ω/2 A	1 只
8. 电容箱	RX7A(参考)	1 只
9. 交流电流表	0～1 A～2 A	1 只

实 验 内 容

1. 按图 12-2 接线,频率三倍计与三相对称电源联接,将调压器的输出电压 u_1 调到 50 V,用示波器观察 u_1、u_3、u 的波形,并把波形记录下来。

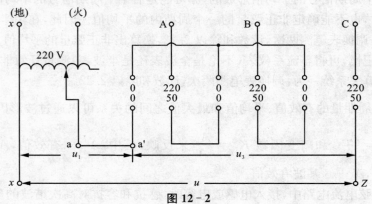

图 12-2

2. a'、z 两端对换(即把 z 端与 a 相连),重新观察 u 的波形并记录,研究 u 的波形为什么与上次观察不一样?

3. 用不同系列的指示仪表分别测量电压 u_1、u_3 和 u,数据记入表 12-1 中。

4. 按图 12-3 接线,在 z、x 两端接入电感线圈和电阻,用示波器观察电流的波形,并记录下来。

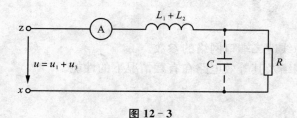

图 12-3

5. 在负载电阻两端并联一只电容器,再观察电流的波形,并记录下来。

表 12-1

仪 表 类 型	u_1(V)	u_3(V)	u(V)
T(或 D)型电压表			
万用表直流电压档			
万用表交流电压档			

注意事项:

1. 使用万用表时,必须注意档别,以免损坏仪表。在用直流电压(V̲)档测量时,电压量限最小允许使用 25 V̲ 档。

2. 图 12-3 中的电流表作为监视电流大小用,不作测量用。

思 考 题

1. 频率三倍计的装置,为什么在输出端 a'、z 能够获得三次谐波电压?

2. u_1 与 u_3 波形的合成得到 $u(t)$ 的波形是什么样的? 如将 u_3 反相,合成的波形又是什么样的? 讨论基波电压 u_1 与 u_3 三次谐波电压的合成?

3. 用万用表的交流电压档V̰ 测量非正弦电压,其示值是非正弦电压的有效值吗? 若不是,怎样用示值来求得非正弦电压的有效值?

作 业

1. 根据电磁系(或电动系)仪表的测量结果验证非正弦电压 $u(t)$ 的有效值关系式:

$$U = \sqrt{U_1^2 + U_3^2}$$

2. 根据测量结果,试求出被测电压 $u(t)$ 的恒定分量 U_0,平均值 U_{av},有效值 U;并求出 $u(t)$ 的波形因数 K_f 及畸变因数 K_j。

3. 根据图 12-3 电路所观察的波形,讨论电感和电容对电流波形的影响。

实验十三　二端口网络参数的测定

实验目的

1. 学习测定无源线性二端口网络的参数。
2. 研究二端口网络及其等效电路在有载情况下的性能。

实验原理简述

1. 对于无源线性二端口网络(如图 13－1),可以用网络参数来表征它的特性。

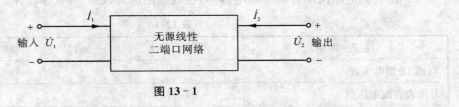

图 13－1

(1) 若将二端口网络的输入端电流 $\dot{I}_1$ 和输出端电流 $\dot{I}_2$ 作自变量,电压 $\dot{U}_1$ 和 $\dot{U}_2$ 作因变量,则有特性方程:

$$\dot{U}_1 = Z_{11}\dot{I}_1 + Z_{12}\dot{I}_2$$

$$\dot{U}_2 = Z_{21}\dot{I}_1 + Z_{22}\dot{I}_2$$

式中,Z_{11},Z_{12},Z_{21},Z_{22} 称为二端口网络的 Z 参数,它们具有阻抗的性质,分别表示为:

$$Z_{11} = \left.\frac{\dot{U}_1}{\dot{I}_1}\right|_{\dot{I}_2=0} \qquad Z_{12} = \left.\frac{\dot{U}_1}{\dot{I}_2}\right|_{\dot{I}_1=0}$$

$$Z_{21} = \left.\frac{\dot{U}_2}{\dot{I}_1}\right|_{\dot{I}_2=0} \qquad Z_{22} = \left.\frac{\dot{U}_2}{\dot{I}_2}\right|_{\dot{I}_1=0}$$

从上述 Z 参数表达式可知,只要将二端口网络的输入端和输出端分别开路,测出其相应的电压和电流后,就可以确定二端口网络的 Z 参数。

当二端口网络为互易网络时,有 $Z_{12} = Z_{21}$,因此,四个参数中只有三个是独立的。

当二端口网络为对称网络时,有 $Z_{11} = Z_{22}$。

(2) 若将二端口网络的输出端电压 $\dot{U}_2$ 和电流 $\dot{I}_2$ 作自变量,输入端电压 $\dot{U}_1$ 和电流 $\dot{I}_1$ 作因变量,则有方程:

$$\dot{U}_1 = A_{11}\dot{U}_2 + A_{12}(-\dot{I}_2)$$

$$\dot{I}_1 = A_{21}\dot{U}_2 + A_{22}(-\dot{I}_2)$$

式中，A_{11}，A_{12}，A_{21}，A_{22} 称为二端口网络的 A 参数，或称为传输参数，分别表示为：

$$A_{11} = \frac{\dot{U}_1}{\dot{U}_2}\bigg|_{\dot{I}_2=0} \qquad A_{12} = \frac{\dot{U}_1}{-\dot{I}_2}\bigg|_{\dot{U}_2=0}$$

$$A_{21} = \frac{\dot{I}_1}{\dot{U}_2}\bigg|_{\dot{I}_2=0} \qquad A_{22} = \frac{\dot{I}_1}{-\dot{I}_2}\bigg|_{\dot{U}_2=0}$$

可见 A 参数同样可以用实验的方法求得。

当二端口网络为互易网络时，有 $A_{11}A_{22} - A_{12}A_{21} = 1$，因此四个参数中只有三个是独立的。在电力及电信传输中常用 A 参数方程来描述网络特性。

(3) 若将二端口网络的输入端电流 $\dot{I}_1$ 和输出端电压 $\dot{U}_2$ 作自变量，输入端电压 $\dot{U}_1$ 和输出端电流 $\dot{I}_2$ 作因变量，则有方程：

$$\dot{U}_1 = h_{11}\dot{I}_1 + h_{12}\dot{U}_2$$
$$\dot{I}_2 = h_{21}\dot{I}_1 + h_{22}\dot{U}_2$$

2. 无源二端口网络的外部特性可以用三个阻抗（或三个导纳）元件组成 T 型（或 π 型）等效电路来代替。如图 13 - 2 所示。

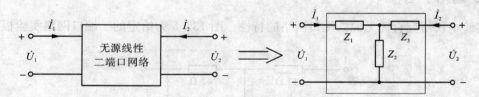

图 13 - 2

若已知网络的 A 参数，则 T 型等效网络的阻抗分别为：

$$Z_1 = \frac{A_{11} - 1}{A_{21}} \qquad Z_2 = \frac{1}{A_{21}} \qquad Z_3 = \frac{A_{22} - 1}{A_{21}}$$

因此，求出二端口网络的 A 参数之后，网络的 T 型或 π 型等效电路的参数也就可以求得。

3. 在二端口网络的输出端接一个负载阻抗 Z_L，在输入端接一内阻为 Z_S 的实际电压源，如图 13 - 3 所示，则二端口网络输入阻抗为输入端电压和电流之比。即：

$$Z_{\text{in}} = \frac{\dot{U}_1}{\dot{I}_1}$$

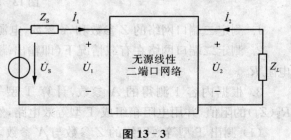

图 13 - 3

当然也可以根据网络的 A 参数方程计算得到：

$$Z_{in} = \frac{A_{11}Z_L + A_{12}}{A_{21}Z_L + A_{22}}$$

4. 如果无源线性二端口网络是对称网络,则网络的特性阻抗:

$$Z_C = \sqrt{\frac{A_{12}}{A_{21}}}$$

这时令对称二端口网络的负载 $Z_L = Z_C$ 时,则输入阻抗 $Z_{in} = Z_C$,所以 Z_C 又称为影像阻抗、重复阻抗。如图 13 - 4 所示。

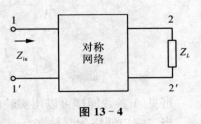

图 13 - 4

实 验 器 材

1. 可调直流稳压源	0～30 V	1台
2. 数字电压表		1只
3. 直流电流表	0～30 A	1只
4. 直流电阻箱	ZX—21 型	3个
5. 无源二端口网络实验板	(带有 2 只双刀双掷开关)	1块

实 验 内 容

实验中仅研究直流无源二端口网络的特性。图 13 - 5 为给定的二端口网络实验板。

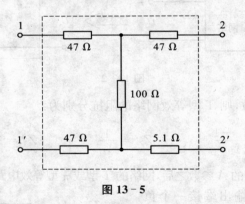

图 13 - 5

1. 测定二端口网络的 Z 参数和 A 参数,电源电压 9 V。

2. 测定二端口网络在有载情况下(即输出端 2、2′处接入负载电阻 $R_L = 47\ \Omega$)的输入电阻 R_{in}。

3. 根据内容 1 测得的 A 参数,计算 T 型等效电路(见图 13 - 2)$R_1(Z_1)$、$R_2(Z_2)$、$R_3(Z_3)$ 的阻值,并用电阻箱组成 T 型等效电路,然后

(1) 测出 T 型等效网络的 Z 参数与 A 参数。

(2) 测出有载情况下($R_L = 47\ \Omega$)的输入电阻 R_{in},以此来验证二端口网络 T 型等效电路的等效性。

4. 将 T 型网络改成对称网络(即 $R_1 = R_3 = 100\ \Omega$),重新测定它的 A 参数,并由此算出

对称二端口网络的特性阻抗 Z_C，再令负载阻抗 $Z_L = Z_C$，重新求出该网络在此负载下的输入阻抗 Z_{in}，验证它是否为影像阻抗。

实验电路和记录表格由实验者自拟，要求简明、清晰，便于分析。

思 考 题

1. 二端口网络的参数为什么与外加电压或流过网络的电流无关？

2. 试解释对称二端口网络的特性阻抗 Z_C 为什么又称为影像阻抗（即重复阻抗）？

作 业

1. 用实验内容 1 测得的 A 参数计算出二端口网络的输入电阻，并与实验内容 2 的测量值相比较。

2. 根据实验数据比较二端口网络和 T 型等效网络的等效性。

3. 从测得的 A 参数和 Z 参数判别本实验所研究的网络是否是互易网络和对称网络？

实验十四　三相异步电动机起动控制

实 验 目 的

熟悉三相异步电动机的起动及正反转控制。

概　　述

我们在工作现场会遇到很多电气设备,为保证生产过程要求,必须进行实时控制。控制系统一般可分为主回路和控制回路。主回路由开关、起动器和电动机等设备组成(电流较大),控制回路由控制线圈、继电器和操作按钮等组成(电流相对较小)。

用电器对电动机进行控制,要求一是能使生产机械按所定程序顺序动作,二是对电动机和生产机械进行有效的保护。

对三相鼠笼式异步电动机的起动,通常,电动机的功率小于 10 kW 用直接起动方式;大于 10 kW 用降压起动方式,降压起动方式则根据电动机正常运行,定子绕组的联接方式而定。

使三相异步电动机反转,将三相电源线中的任意两根对调即可。

实 验 器 材

1. 三相异步电动机　　　　JW092—4　　　　　　　1 台
2. 交流接触器　　　　　　CJ10—10 A　　　　　　2 只
3. 按钮　　　　　　　　　　　　　　　　　　　　3 个

实 验 内 容

1. 交流接触器控制

(1) 三相异步电动机直接起动(正转)

按图 14-1 接线。接线前,首选检查单投三相闸刀开关状态(断开电源),接线完毕经指导教师检查后合闸,起动电动机(哪个按钮?),正常运转一段时间后,用停止按钮(TA)停止电动机运转。重复起动一次。

(2) 三相异步电动机反转

待电动机停稳后,用反转起动按钮(哪个按钮?)起动电动机。要求运转过程、停止同上。操作完毕后拉闸。

(3) 实现点动控制(QA 撤下,D 起动、转动;QA 松开,D 停止转动),线路自己改动,改动情况经指导老师同意后,方可合闸,进行点动操作(五次左右,点动节奏勿过快)。

(4) 拉闸,进行拆线整理。

2. PLC 控制

用可编程控制器改造图 14-1 控制电路。

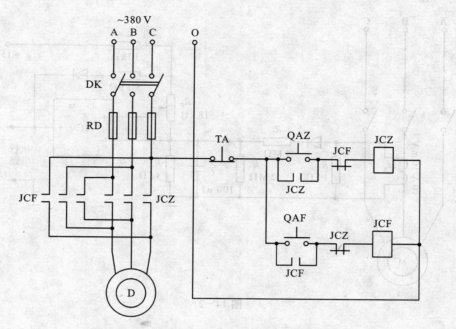

图 14-1　鼠笼式电动机直接起动实验控制线路

自行设计提示与要求：

（1）就你手头可编程控制器件查其说明书等有关资料，熟悉其功能和指令系统。

（2）对照图 14-1 确定输入部件、输出部件及按 PLC 内部继电器的编号范围分配对应地址编号。

（3）根据电动机容量及所选择的接触器，应考察你的 PLC 输出继电器容量及公共端容量。输出公共端应加熔丝保护。

（4）画出 PLC 外部接线图、梯形图，列出指令语句表。

（5）电路联接构成后，请指导老师检查同意后方可进行操作。

思　考　题

1. 选用接触器时，主要注意主接触头的_____线圈_____及触头_____。

2. 图 14-2 是煤电钻的过载保护电路，IC 输出控制后面的执行电路，输出为低电平时，执行电路切断电源，试分析（TA 为电流互感器）。

作　业

1. 叙述图 14-1 线路电机的起动工作过程（正转）。

2. 整理 PLC 控制的设计过程（包括接线图、梯形图、指令语句表）。

3. 为什么要用电器对电动机进行控制？

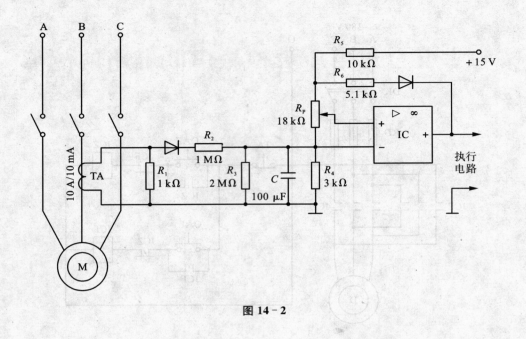

图 14 - 2

实验十五　用电压表检查串联电路的故障

实验目的

通过对电路中电压的测量,查出串联电路的故障,以达到电路检修入门。

概　述

我们进行故障性实验,目的是通过查找故障培养学生分析问题和解决问题的能力。对于故障,人们检修方法不可能雷同,应首先弄通电路原理,在理论的指导下预先仔细研究一个完善的、合乎逻辑的检修方法。否则会走弯路,耽时费功。在检修过程中要冷静而有条不紊,对测量数据进行分析。

串联电路的规律:

1. 流过电路的电流相同。

2. 电压降加起来等于电源电压。

3. 总电阻等于电路中单个电阻的总和。

我们可以用欧姆表、电流表、电压表等方法检查故障,本故障实验,只要求用电压表去检修人为故障,哪个元件有问题由指导教师掌握。

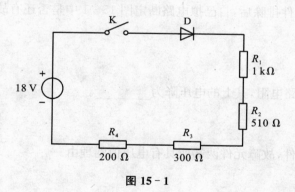

图 15 - 1

实 验 器 材

1. 可调直流稳电压(0—30 V)	1台
2. 单刀双投开关	1个
3. 数字电压表	1个
4. 实验板	1块
5. 整流二极管	1只
6. 鳄鱼夹	2个

检 查 步 骤

1. 查第一个故障。

(1) 调整电流输出电压为 18 V,调好后关闭,按图 15－1 联线。

(2) 开启直流电源,合上单刀单投开关,把所测各元件上电压降记录于表 15－1 中。

表 15－1

元 件	R_1	R_2	R_3	R_4	硅二极管
计算值(V)					
测量值(V)					
故障元件					

2. 从表 15－1 中分析出第一个故障元件,把该元件两端短路继续进行检修,检修情况填入表 15－2 中。

表 15－2

元 件	R_1	R_2	R_3	R_4	硅二极管
计算值(V)					
测量值(V)					
故障元件					

3. 第二个故障元件排除后,自己拟电路断定图 15－1 中是否还有故障元件,记录表格格式同表 15－2。

思 考 题

串联电路中的开路电阻,其上的电压降为_____。

作　　业

说明你的故障元件,故障元件两端所具有电压值的理由。

模拟电子技术基础实验篇

实验一　常用电子仪器仪表使用练习

实 验 目 的

掌握示波器、函数信号发生器、交流毫伏表的使用，认识常见电子元件，了解电压表负载效应，为做好电子电路实验打下基础。

概　　述

在接触电子电路实验之前，我们应该熟悉掌握电子仪器、仪表的使用。

电子仪器、仪表的使用练习实验应舍得花时间，因为这直接关系到后续实验结果的正确性及实验顺利与否。这要求学者不仅要温习物理课程中所涉及的示波器显示原理，还要预习本书附录部分的"常用仪器使用介绍"，或结合观看电子示波器原理、使用及电子学实验技术录像片后再做，会顺手得多。

实 验 器 材

1. 双踪示波器　　　　　　　　　　　　　　　　　　　　　1 台
2. 函数信号发电器　　　　　　　　　　　　　　　　　　　1 台
3. 交流毫伏表　　　　　　　　　　　　　　　　　　　　　1 台
4. 可调直流稳压源（0～30 V）　　　　　　　　　　　　　　1 只
5. MF－500 或 MF－30、MF－47 万用表　　　　　　　　　　1 只
6. 色环电阻、三极管、二极管、电容器　　　　　　　　　　　若干

实 验 内 容

1. 交流信号波形观察

（1）把 1 kHz、1 V 左右的正弦电压信号（从什么仪器获得？）输入示波器，分别调出几个完整波形。

（2）用毫伏表测量信号发生器正弦电压输出。完成表 1-1 测量要求（最好是在阅读下一步内容"（3）"后再做）。

（3）示波器使用练习，参考表 1-1，完成表 1-2 内容，实际上，表 1-1 与表 1-2 可以统一起来一并操作完成。

表 1 - 1

信　号　源					交　流　毫　伏　表			指针式毫伏表要在通电前调指针机械零位。其通电后电气零位?（＿＿）
频显内外	f(Hz)	频率范围	波　形	输出衰减	测量值	量　程	指针式表刻度线	
	50			0 dB	5 V			
	160				5 V			
	400				1 V			
	1 000				10 mV			
信号源地线与毫伏表的地线共接吗?（＿＿）								

表 1 - 2

信号源频率(正弦)	由毫伏表测信号源输出	示　波　器											
		垂　直　轴　向					水平轴向		触　发		探头衰减	计算电压值		计算周期 T 及其频率 f
		工作方式	输入通道	耦合方式	V/div (校准)	峰-峰距离格数	T/div (校准)	每周期的格数	触发源	耦合方式		峰-峰值计算	有效值计算	
50 Hz	5 V												
160 Hz	5 V												
400 Hz	1 V												
1 000 Hz	10 mV												
注意:信号源地线、毫伏表、示波器探头地线共接一起													

2. 轻松演练

（1）用交流毫伏表测量函数信号发生器的输出电压（$f = 100$ Hz），在 0 dB 时,调节幅度旋钮,测量值为 3 V;当幅度旋钮不再旋动,衰减位置分别为 20 dB、40 dB、60 dB 时,把毫伏表指示值记录下来。

（2）用示波器测量直流电压:

首先显示出"水平时基线",选定基线位置(使用哪些功能键?)根据所测量电压值选取合适的垂直偏向灵敏度(校准否?)及符合直流测量的示波器输入耦合方式。测量结果填入表1 - 3。

表 1 - 3

直流电压(V)	示　波　器		计　算
	V/div	div(格数)	
20			
12			
5			
1			

3. 万用表使用练习（用万用表 Ω 档测量电阻）

（1）测量电阻时，有必要对电阻元件特性、标称值进行一定的介绍。

根据电阻器结构的特征可分为薄型膜电阻器、线绕电阻、敏感电阻等。

例：碳膜电阻值范围为 $0.75\ \Omega \sim 10\ M\Omega$。

金属膜电阻值范围为 $1\ \Omega \sim$ 几百 $M\Omega$，精度可达 0.5%，额定功率一般不超过 $2\ W$。

功率型线绕电阻器阻值通常为 $0.1\ \Omega \sim$ 数百 $k\Omega$，额定功率可达 $200\ W$。

（2）电阻标称值。

A：直接表示法——即把数值直接标出。

B：间接标称值——即采用色环表示阻值大小（$0.5\ W$ 以下碳膜和金属膜电阻器使用色标较普遍）分为三环色标（精度均为 $\pm 20\%$）、四环色标（包括精度环）和五环色标（包括精度环）。各色别表示对应标称阻值环位数字如下：

棕、红、橙、黄、绿、蓝、紫、灰、白、黑、金、银

1、2、3、4、5、6、7、8、9、0、0.1、0.01

色环精度环各色别对应误差：

棕　　红　　绿　　蓝　　紫　　金　　银

$\pm 1\%$、$\pm 2\%$、$\pm 0.5\%$、$\pm 0.2\%$、$\pm 0.1\%$、$\pm 5\%$、$\pm 10\%$

对于三环电阻器，第一环、第二环分别为高位、低位，第三环为倍率（10^n），误差 20%。

对于四环电阻器，第三环为倍率（10^n）、第四环为误差环；

对于五环电阻器，第四环为倍率（10^n）、第五环为误差环。

误差环宽度要稍大些。

例：图 1-1 所示电阻器阻值为：$270 \times 10^3 = 270\ k\Omega$，其误差为 $\pm 5\%$。

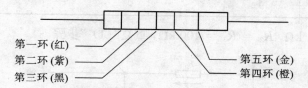

第一环（红）
第二环（紫）
第三环（黑）
第五环（金）
第四环（橙）

图 1-1　电阻色环含义

按部标电阻系列，其 E24 系列标称值的数字为 1.0、1.1、1.2、1.3、1.5、1.6、1.8、2.0、2.2、2.4、2.7、3.0、3.3、3.6、3.9、4.3、4.7、5.1、5.6、6.2、6.8、7.5、8.2、9.1，其具体取值再乘 10^n（n 为正整数或负整数）。该系列也适用于电位器和电容器。

（3）电阻器类型的选择：

如要求精度高、稳定性能好，可从金属膜电阻器中进行选择；如要求不高，可选择体积小的碳膜电阻器。

在高温条件下，可选用硅碳膜、金属膜、金属氧化膜电阻器；在低噪声电路中，可选金属膜或线绕电阻器；在高频电路中，不能选用线绕电阻器，一般可选用金属膜电阻器。

若需较精确的电阻器，可从材料、结构、具体特性上去挑选，有这方面的资料可查。

按照所给的电阻元件，完成表 1-4。

表 1-4

电阻顺序	电阻实际值(测量)	万用表 R×? 档	电阻标称值(读色环)
1			
2			
3			
4			
5			
6			

4. 用万用表直流电压档(20 kΩ/V)测图 1-2 电路各直流电压值(填入表 1-5 中):

(1) 调节稳压源,使输出电源电压为 9 V。令 $R_1 = 5.1 \text{ kΩ}$, $R_2 = R_3 = 10 \text{ kΩ}$,分别用万用表 50 V、10 V 直流电压档测电压值,填入表 1-5 中。

表 1-5

电压 ＼ 电阻	U_{AC} (V)	U_{AB} (V)	U_{BC} (V)	量程档位	备注
$R_1 = 5.1 \text{ kΩ}$ $R_2 = R_3 = 10 \text{ kΩ}$	9			50 V	每换一次量程 U_{AC}(9 V) 必须重测,保持 9 V
	9			10 V	
$R_1 = 51 \text{ kΩ}$ $R_2 = R_3 = 100 \text{ kΩ}$	9			50 V	
	9			10 V	

(2) 令 $R_1 = 51 \text{ kΩ}$, $R_2 = R_3 = 100 \text{ kΩ}$,重复"(1)"步骤。

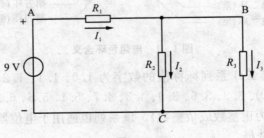

图 1-2

5. 用非数字万用表判断三极管、二极管各极及比较你手头各电容器容量大小。

思 考 题

用量程 50 V,准确度为 0.5 级的电压表分别测量 50 V 和 20 V 的电压,求可能出现的最大相对误差是多少?

作 业

1. 说明使用示波器观察波形时,为达到下列要求,应调节哪些旋钮?

（1）波形清晰且亮度适中。

（2）波形在荧光屏中央大小适中。

（3）波形稳定。

2．说明用示波器观察正弦波电压,若荧光屏上分别显示图1-3所示的波形,是哪些旋钮位置不对? 应如何调节?

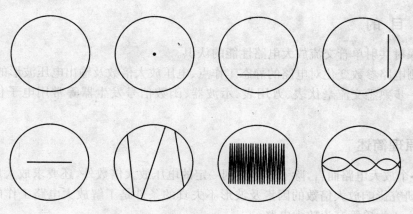

图1-3

3．说明函数信号发生器面板上的 0 dB 、20 dB、40 dB、60 dB 在控制输出电压时的合理运用。当该仪器输出电压(有效值)最大为 6 V,若需要输出电压为 100 mV 时,衰减应置于多少"dB"合适?

4．为什么当电阻 $R_1 = 51$ kΩ, R_2、R_3 等于 100 kΩ 时,用 10 V 档测图 1-2 中电压 U_{AB}、U_{BC} 误差较大?

5．整理实验内容。

实验二 单管交流放大电路

实 验 目 的

1. 加深对共射单管交流放大电路性能的认识。
2. 观测电路参数变化对电路的静态工作点、电压放大倍数及输出电压波形的影响。
3. 进一步熟悉交流毫伏表、万用表、示波器、函数信号发生器等常用电子仪器的使用方法。

实验原理简述

对于一个放大电路而言,除了希望得到一定的电压放大倍数外,还要求放大后的波形不产生失真,研究影响放大倍数的因素及波形不失真的条件是了解放大电路工作的两个重要内容。图 2-1 为单管交流放大电路。

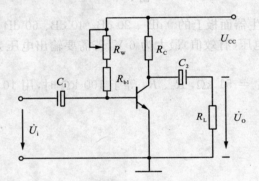

图 2-1 单管交流放大电路

1. 静态工作点

为使放大电路工作不因进入非线性区而产生波形失真,就必须给放大电路设置一个合适的静态工作点(称谓 Q)。

图 2-2 中 Q 点选在线性区的中部,运用范围未超过线性区,因此输出波形不失真。

在图 2-3 中,Q_1 点因选在靠近饱和区使输出波形出现失真,由图可知此时输出电压波形负半周被削掉一部分,对图中 Q_2 点选在靠近截止区,这样输出电压波形的正半周期被削掉一部分,为使输入信号得到不失真的放大,放大器的静态工作点要根据指标要求而定。如希望耗电小、噪音低、输入阻抗高,Q 点就可选得低一些;如希望增益高时,Q 点可适当选择高一些。静态工作点的调整,一般是调图 2-1 的 R_w 值。

2. 放 大 倍 数

图 2-1 电路的电压放大倍数为 $\dot{A}_u = -\dfrac{\beta R'_L}{r_{be}}$,其中 $R'_L = R_C /\!/ R_L$,在选定了管子,确定了静态工作点后,电压放大倍数主要与下列因素有关:

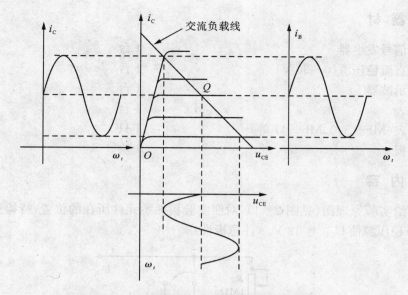

图 2-2 具有最大动态范围的静态工作点

（1）与 R_C 大小有关，R_C 越大，$\dot{A}_u$ 越大，但是在电源 E 一定时，R_C 不可能提高很大；

（2）与放大电路是否有外接负载有关，当放大电路有外接负载时，放大倍数下降。

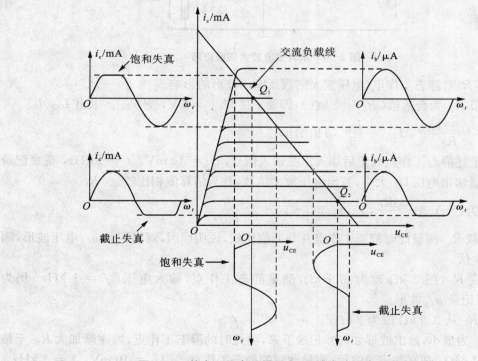

图 2-3 静态工作点设置不合适，输出波形产生失真

实 验 器 材

1. 函数信号发生器   1台
2. 可调直流稳压源（0～30 V）   1台
3. 双踪示波器   1台
4. 毫伏表   1台
5. 万用表（MF—500、MF—47 等）   1只
6. 实验板   1块

实 验 内 容

1. 按所给实验原理图（见图 2-4），对照实验板熟悉元件所在的位置，待检查无误后接通电源，调节稳压源使 $U_{CC} = 12$ V。（注意极性）

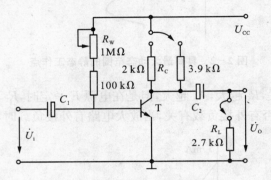

图 2-4　单管交流放大实验电路

2. 观察 R_C 对静态工作点、电压放大倍数及输出波形的影响。

（1）调节 R_W 为合适值（$R_C = 2$ kΩ），即要求使 $U_{CQ} = 6$ V，测 U_{BQ}。求出 I_{CQ}、I_{BQ}。

$$I_{CQ} = \frac{U_{CC} - U_{CQ}}{R_C}, \ I_{BQ} = \frac{I_{CQ}}{\beta} （\beta 值给出）$$

（2）在上述静态工作点确定后加入正弦输入信号，$U_i = 10$ mV，$f = 1$ kHz，观察记录 u_{CE} 波形，测量输出电压 U_o 大小，算出电压放大倍数，并与估算值相比较。（$R_L = \infty$）

估算值为：$|\dot{A_u}| = \dfrac{\beta R_C}{r_{be}}$，$r_{be} \approx 300 + (1 + \beta)\dfrac{26}{I_{EQ}}$

带上负载 R_L，测量此时静态工作点并与原值比较，说明原因，观察记录 u_{CE} 电压波形，测量 U_o 为多少伏。

（3）改变 R_C：把 2 kΩ 改为 3.9 kΩ，测量静态工作点，输入电压（$f = 1$ kHz）仍为 10 mV，观察记录 u_{CE} 波形。

（4）把 R_C 从 3.9 kΩ 改为 2 kΩ。

调节 R_C 为最小，输出波形如何？记录下来，测此时的静态工作点，再逐渐加大 R_W 至最大即 $R_W = 1$ MΩ，观察并记录波形，测量此时的静态工作点。（$U_i = 10$ mV，$f = 1$ kHz）

实验数据记录表格

$U_i = 10 \text{ mV}$ $f = 1 \text{ kHz}$	给定条件	测 量						
		(V) U_{BQ}	(V) U_{CQ}	(V) U_o	u_{BE}波形示波器显示		u_{CE}波形示波器显示	
					AC 耦合	DC 耦合	AC 耦合	DC 耦合
$R_W \rightarrow$合适值	$R_C = 2 \text{ k}\Omega$ $R_L = \infty$							
	$R_C = 2 \text{ k}\Omega$ $R_L = 2.7 \text{ k}\Omega$							
	$R_C = 3.9 \text{ k}\Omega$ $R_L = \infty$							
$R_W \rightarrow$最小 $R_W \rightarrow$最大	$R_C = 2 \text{ k}\Omega$ $R_L = \infty$							
u_i波形:	u_o波形:	（在 R_W 为合适值下）			各波形描绘注意彼此相对位置、相位			
$\beta =$								

注：合适值指 $R_C = 2 \text{ k}\Omega$，$U_{CQ} = 6 \text{ V}$ 时的 R_W 的值。

思 考 题

1. 在计算电压放大倍数 A_u 时，输入信号 U_i 用低频信号发生器输出端开路测量得到的值与低频信号发生器输出端接入放大电路后测得的值有何不同？在何种条件下可以近似一样？

2. 由放大倍数公式 $|\dot{A}_u| = \dfrac{\beta R_C}{r_{be}}$ 可知，加大 R_C 值可以提高 A_u，如果无限地增大 R_C，A_u 是否可无限增大？为什么？

3. 图 2-3 的失真波形应如何消除？

作 业

1. 整理测量数据表格，由测量数据计算 I_{CQ}、I_{BQ} 及 $\dot{A}_u$。

2. 本实验中出现的波形若有失真，问是何种类型失真？如何解决？

3. 对示波器 DC 耦合与 AC 耦合的显示波形进行比较分析。

4. 本电压放大倍数的估算值与实测值进行比较并讨论。

5. 在观察饱和失真时，同时进行 U_{CQ} 测量，为什么与理论值相差甚远？应该怎样操作测值才正确？

实验三 单管交流放大器焊接

实 验 目 的

1. 学习晶体管特性图示仪的使用方法。
2. 用万用表辨别三极管、二极管极性及好坏。
3. 初步掌握焊接技术。

实 践 内 容

1. 每人领元件一包，焊接板一块，选取所用仪器、仪表及工具等。
2. 查清和认识元件：

三极管：用万用表区分 E、B、C 三极并用图示仪观察输入输出特性及测量 β 值；

二极管：用万用表辨别极性及好坏；

电解电容：容量、耐压及极性的标称标记，学会用万用表辨别其好坏及优劣；

电阻元件：判断、测量阻值及功率的辨别。

3. 元件测试完毕按图 3-1 线路进行焊接。

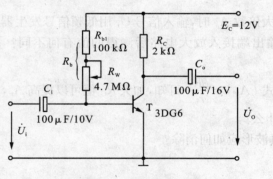

图 3-1 单管放大器

4. 线路焊好经老师检查后，加 $E_c = 12\,V$ 直流电压，调节 R_w，用万用表直流电压档测量 U_{CE} 的变化，记录 U_{CE} 的最大、最小值。

作 业

1. 叙述用万用表区分三极管 E、B、C 三极的方法。
2. 根据实验中测得的 U_{CE} 变化值范围，判断三极管的工作状态。

注：晶体管特性图示仪的使用方法，见有关说明书。

实验四　单管交流放大器的故障检修

实 验 目 的

测试放大器,排除放大器的故障。

概　　述

在检修一台有故障的复杂电子设备时,欲要快速、准确地查出故障,如果没有扎实的理论基础和一定的实践经验,不按照一定的逻辑方法去寻找故障部位及其内在的故障元件,则将是十分费时、困难的。安排单管交流放大电路的故障检修实验,一是通过查找故障,提高实践能力;二是通过这个环节,进一步明晰单管放大电路的概念,这对后续内容的学习大有裨益。现给出一个有故障的共射级线性放大器,对其进行测试,分析判断出故障。人为故障应由指导老师掌握。

其实验电路为图 4-1。

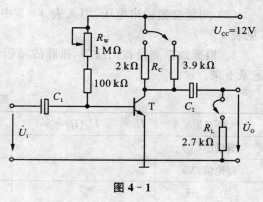

图 4-1

实 验 器 材

1. 函数信号发生器　　　　　　　　　　　　　　1 台
2. 可调直流稳压电源(0—30 V)　　　　　　　　1 台
3. 示波器　　　　　　　　　　　　　　　　　　1 台
4. 交流毫伏表　　　　　　　　　　　　　　　　1 台
5. 万用表　　　　　　　　　　　　　　　　　　1 只
6. 实验板　　　　　　　　　　　　　　　　　　1 块

实 验 内 容

1. 静态测量

(1) 调节直流稳压源,使输出等于 12 V,接入电路;

(2) 令 R_c 为 2 kΩ 调节 R_W 使 $U_{CQ}=6$ V,若 U_{CQ} 调不到 6 V,在表 4-1 中记录下各静态值(若能调到 6 V,表 4-1 略去),U_{CQ} 调不到 6 V,说明有故障,根据表 4-1 中测量数据和理论值分析出故障,排除之,使工作点正常($U_{CQ}=6$ V),进行步骤"2"实验。

表 4-1

工 作 点	$U_{BQ}(V)$	$U_{CQ}(V)$
实测值		
理论值		
故障情况		

2．动态测量

（1）输入端接正弦交流信号，调节信号发生器使 $U_i = 10\ mV(f = 1\ kHz)$；

（2）测量交流输出电压，填入表 4-2 中，观察输入输出波形。重测此状态下的静态值（见表 4-2）。

3．根据数据测量找出故障，排除故障后使放大器工作正常，测量数据按照表 4-2 格式记录下来。

表 4-2

测 量	U_i	$U_o(R_L = \infty)$	$U_o'(R_L = 2.7\ k\Omega)$	U_{BQ}	U_{CQ}	备 注
测量值(V)						
理论值(V)						三极管的 $\beta = (\quad)$
波 形				/	/	
故障情况						

思 考 题

1. 在图 4-1 电路中，若发射极对基极短路，则 $U_{CQ} = $ _____（V）；

2. 在图 4-1 电路中测得 $U_B = 12\ V$，$U_C = ?$，最可能的故障是 _____。

作 业

分析出表 4-1、表 4-2 故障下所测得各数据的原因。

实验五　两级阻容耦合放大电路

实 验 目 的

1. 了解阻容耦合放大电路的静态工作点的调整方法；
2. 验证电压总放大倍数与单级电压放大倍数的关系，了解两级放大电路后级对前级的影响。

实验原理简述

比较典型的两级阻容耦合放大电路如图 5－1：

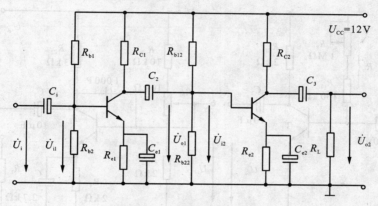

图 5－1　阻容耦合放大电路

图 5－1 两级放大电路的放大倍数：

$$\dot{A}_u = \frac{\dot{U}_{o2}}{\dot{U}_i} = \frac{\dot{U}_{o2}}{\dot{U}_{i2}} \cdot \frac{\dot{U}_{i2}}{\dot{U}_{i1}} = \frac{\dot{U}_{o2}}{\dot{U}_{i2}} \cdot \frac{\dot{U}_{o1}}{\dot{U}_{i1}} = \dot{A}_{u1} \cdot \dot{A}_{u2}$$

在忽略偏置电阻 R_b 的影响时：

$$\dot{A}_{u1} = \frac{\dot{U}_{o1}}{\dot{U}_i} = \frac{\dot{U}_{o1}}{\dot{U}_{i1}} = \frac{-\beta_1 R'_{L1}}{r_{be1}} = -\frac{\beta_1 (R_{C1} /\!/ r_{be2})}{r_{be1}}$$

$$\dot{A}_{u2} = \frac{\dot{U}_{o2}}{\dot{U}_{i2}} = \frac{\dot{U}_{o2}}{\dot{U}_{o1}} = \frac{-\beta_2 R'_{L2}}{r_{be2}} = -\frac{\beta_2 (R_{C2} /\!/ R_L)}{r_{be2}}$$

总电压放大倍数为：

$$\dot{A}_u = \dot{A}_{u1} \cdot \dot{A}_{u2} = \frac{\beta_1 (R_{C1} /\!/ r_{be2}) \cdot \beta_2 (R_{C2} /\!/ R_L)}{r_{be1} \cdot r_{be2}}$$

由上式计算可知：

1. 多级放大电路的计算是在单级放大电路计算的基础上进行的，计算各个单级时，必须注意后级放大电路的输入电阻为前级的负载。

2. 多级放大电路的电压放大倍数等于各级电压放大倍数的乘积。

实 验 器 材

1. 信号发生器	1台
2. 可调直流稳压源(0—30 V)	1台
3. 双踪示波器	1台
4. 交流毫伏表	1台
5. 万用表	1台
6. 实验板	1块

实 验 内 容

图 5 - 2 为本实验电路原理图。

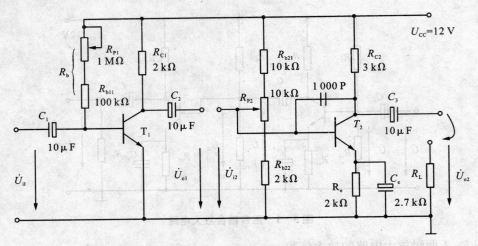

图 5 - 2   两级阻容耦合放大器实验电路图

1. 按电路图检查实验电路板电路及外部接线后,送上电源。

2. 测量静态工作点:

接通电源($U_{CC} = 12\ V$),调 R_{P1},使 $U_{C1} = 11.5\ V$ 左右,调节 R_{P2},使 $U_{C2} = 8.5\ V$ 左右,然后按照表 5 - 1 进行测量静态。

表 5 - 1

$U_{C1}(V)$	$U_{BE1}(V)$	$U_{E1}(V)$	$U_{BE2}(V)$	$U_{E2}(V)$	U_{C2}

3. 动态测量:连接 A—B,输入信号 $U_i = 3\ mV(f = 1\ kHz)$,用示波器观察第二级输出是否失真,若有失真现象,则应重新调整 R_{P1}、R_{P2} 或减小输入信号,直至 U_{o2} 不失真为止,记下此静态工作点,然后按表 5 - 2 进行记录。

表 5 – 2

$U_i=3$ mV $f=1$ kHz	断开 A—B 时 U_{o1} (V)	连接 A—B 时 U'_{o1} (V)	连接 A—B	
			断开负载 R_L U_{o2} (V)	连接负载 R_L 时 U'_{o2} (V)

根据实验所测数据计算电压放大倍数：

$$\dot{A}_{u1}=\frac{\dot{U}_{o1}}{\dot{U}_{i1}}, \qquad \dot{A}'_{u1}=\frac{\dot{U}'_{o1}}{\dot{U}_{i1}}, \qquad \dot{A}_{u2}=\frac{\dot{U}_{o2}}{\dot{U}_{i2}}, \qquad \dot{A}'_{u2}=\frac{\dot{U}'_{o2}}{\dot{U}_{i2}}$$
$$= \qquad\qquad = \qquad\qquad = \qquad\qquad =$$

两级电压放大倍数：

$$\dot{A}_u=\frac{\dot{U}_{o2}}{\dot{U}_{i1}}= \qquad\qquad\qquad \dot{A}'_u=\frac{\dot{U}'_{o2}}{\dot{U}_{i1}}=$$

思 考 题

1. 由式计算结果可知 $A'_{u1}\neq A_{u1}$，为什么？
2. 提高放大倍数应采取什么措施？
3. 若本实验原理图图 5 – 2 第二级发射极电阻的旁路电容 C_e 虚焊，会有什么现象？

作 业

1. 根据实验中测量的数据填写数据表格，计算有关量。
2. 总结两级阻容耦合放大电路间的相互影响。

实验六　负反馈放大电路

实 验 目 的

1. 了解负反馈放大电路的工作原理及对放大电路输入电阻、输出电阻的影响；

2. 学会测量放大电路输入电阻和输出电阻的方法；

3. 进一步巩固前面实验中已用过的示波器、函数信号发生器、交流毫伏表等电子仪器的使用方法。

实验原理简述

负反馈的用途很广,在电子线路的应用中,对改进放大电路的性能起到很重要的作用。放大器中的负反馈就是把基本放大电路的输出量的一部分或全部按一定的方式送回到输入回路,来影响净输入量,对放大电路起自动调整作用,使输出量趋向于维持稳定。

方框图如图 6 - 1 所示:

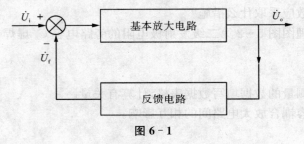

图 6 - 1

1. 负反馈对放大倍数的影响

一般地,引入负反馈后放大电路的放大倍数为 $\dot{A}_f = \dfrac{\dot{A}}{1 + \dot{A}\dot{F}}$,说明引入负反馈后,使放

大电路的放大倍数下降了 $1 + \dot{A}\dot{F}$ 倍,当为深度负反馈时,即 $\dot{A}\dot{F} \gg 1$ 时,放大倍数只与反馈

网络参数有关,即 $\dot{A}_f = \dfrac{1}{\dot{F}}$。下面的讨论,除特殊情况外,均不用相量的记号。

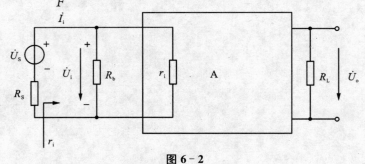

图 6 - 2

2. 负反馈对输入电阻的影响

参考图 6-2，不加 R_S 时（即假定电压信号源内阻为零），则放大电路的输入信号电压为 u_i，测出输出电压 u_o 大小，在信号源中串联 R_s，然后增加信号源电压大小直至输出电压仍为上述 u_o，测出此时信号源电压大小 U_S。由于 R_S 加入前后的输出电压未变（均为 u_o），说明 U_i 不变，电压 "$U_S - U_i$" 降在 R_S 上，则由 $I_i = \dfrac{U_S - U_i}{R_S}$ 得 $r_i = \dfrac{U_i}{U_S - U_i} R_S$（$u_S$，$u_i$ 均为有效值）。

负反馈对放大电路输入电阻影响只取决于输入端是串联反馈还是并联反馈，与反馈信号采样无关。

对于串联负反馈，使输入电阻增加 $(1 + \dot{A}\dot{F})$ 倍，即 $r_{if} = (1 + \dot{A}\dot{F}) r_i$。

对于并联负反馈，使输入电阻减少 $1 + \dot{A}\dot{F}$ 倍，即 $r_{if} = \dfrac{r_{io}}{(1 + \dot{A}\dot{F})}$，$A$、$F$ 的含义是以电压还是电流负反馈而定，式中 r_{io} 为无反馈时输入电阻。

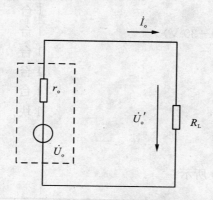

图 6-3 输出电阻测试原理

3. 负反馈对输出电阻的影响

参考图 6-3，一个放大电路的输出可以等效为一个内阻为 r_o（即输出电阻）的信号源，因此测出空载电压 U_o 和带上负载 R_L 时的电压 U'_o 后，可求得：

$$r_o = \frac{U_o - U'_o}{U'_o} R_L = \left(\frac{U_o}{U'_o} - 1 \right) R_L$$

对于电压负反馈，使输出电阻减少 $(1 + \dot{A}\dot{F})$ 倍，即 $r_{of} = \dfrac{r_o}{1 + \dot{A}\dot{F}}$ 对于电流负反馈使输出电阻增加 $(1 + \dot{A}\dot{F})$，即 $r_{of} = (1 + \dot{A}\dot{F}) r_o$，式中 r_o 均为无反馈时输出电阻。$\dot{A}$、$\dot{F}$ 的含义以电路是电压反馈还是电流反馈，电路输入端是串联还是并联而定。

4. 负反馈对放大电路其他性能的影响

（1）由于晶体管参数及电源电压等的变化都会引起放大电路输出电压（或电流）的变化，若输出量增大，则反馈信号亦增大，促使输入信号减少，导致输出趋于减弱，从而起到自动调节的作用。

设信号频率为中频，放大倍数、反馈系数均为实数（$\dot{A} = A$、$\dot{F} = F$），

则 $\dot{A_f} = \dfrac{\dot{A}}{1 + \dot{A}\dot{F}}$，$\dfrac{dA_f}{dA} = \dfrac{1}{(1 + AF)^2}$

则 A_f 的绝对变化量为 $dA_f = \dfrac{dA}{(1+AF)^2}$，$A_f$ 的相对变化量为 $\dfrac{dA_f}{A_f} = \dfrac{1}{1+AF} \cdot \dfrac{dA}{A}$。

可见，由于加了负反馈，A_f 的相对变化量比 A 的相对变化量减少了（$1 + AF$）倍。

（2）扩展通频带：对于一般的放大电路可认为 $f_h \gg f_L$，则通频带可近似用上限频率来表示。$B = f_h - f_L = f_h$。加了负反馈后，$B_f = (1 + AF)B$。

（3）减少了放大电路的非线性失真：放大电路的非线性失真是由于进入到晶体管特性曲线的非线性部分，使输出信号出现了谐波分量，引入负反馈后可以使非线性失真系数减少（$1 + AF$）倍，因而减少了非线性失真。

实 验 器 材

1. 函数信号发生器   1 台
2. 可调直流稳压电源（0—30 V）   1 台
3. 交流毫伏表   1 台
4. 双踪示波器   1 台
5. 万用表   1 台
6. 实验板   1 块

实 验 内 容

本实验电路图见图 6-4 所示。

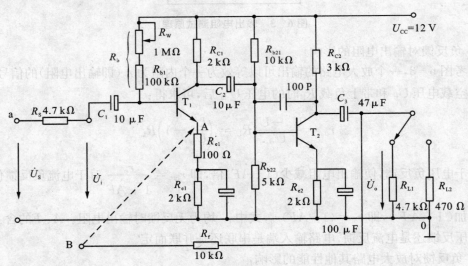

图 6-4　负反馈放大电路

1. 按所给实验电路图对照实验板，熟悉各元件安装位置，检查布线，将 B 点接地，这样就构成一个基本放大电路。

2. 建立合适的静态工作点。

在构成一个上述基本放大电路之后，接通电源使 $U_{CC} = +12\text{ V}$（注意极性），调解 R_W 使 $U_{CQ}(U_{C1}) = 9\text{ V}$，并测其他各点电位，记于表 6-1 中。

表 6-1

测量项目	U_{C1}	U_{BE1}	U_{E1}	$U_{B1} = U_{BE1} + U_{E1}$	U_{B2}	U_{E2}	U_{C2}
测量值							

3. 测量基本放大电路性能（见表 6-2）：

（1）测量基本放大电路的放大倍数 A_u。

从 a、o 间加入信号电压 U_S（$f = 1\text{ kHz}$），使 $U_i = 3\text{ mV}$，负载开路，在输出波形不失真的情况下测 U_o，接入负载 $R_L = 4.7\text{ k}\Omega$，测 U_o'，记入表 6-2。

（2）测量此时的 U_s（令为 U_{S1}）=（   ）以作计算 r_i 用。

4. 测量反馈放大电路性能（见附表 6-2）：

将"B"从"地"线中拆除，并与 A 点（即 T_1 的发射极）相接，即构成了一个电压串联负反馈放大电路。

（1）测量反馈放大电路的放大倍数 A_{uf}。

从 a、o 间加入信号电压 u_S（$f = 1\text{ kHz}$），使 $U_i = 3\text{ mV}$，负载开路，在输出波形不失真的情况下测量此时输出电压 U_{of}，接入负载 $R_L = 4.7\text{ k}\Omega$，测 U_{of}'，记入表 6-2。

（2）测出此时的 U_S（令为 U_{S2}），以作计算 r_{if} 用。

5. 分别测试基本放大电路、负反馈放大电路通频带宽，表格自拟。

6. 示波器观察，比较负反馈加入前后电路输出波形。

表 6-2

	条 件	$U_i = 3\text{ mV}, f = 1\text{ kHz}$		
		$R_L = \infty$	$R_L = 4.7\text{ k}\Omega$	$R_S = 4.7\text{ k}\Omega$
待测值	基本放大电路	$U_o = (\quad)\text{V}$	$U_o' = (\quad)\text{V}$	$U_{S1} = (\quad)\text{V}$
	负反馈放大电路	$U_{of} = (\quad)\text{V}$	$U_{of}' = (\quad)\text{V}$	$U_{S2} = (\quad)\text{V}$

思 考 题

1. 若本实验的电压串联负反馈电路是深度负反馈，试估计其电压放大倍数。

2. 根据测量数据计算得到的 A_{uo}、A_u，验证 $A_{uf} = \dfrac{A_{uo}}{1 + A_{uo}F}$（$A_{uo}$ 指 $R_L = \infty$ 时的）。

3. 为什么在测量 U_{B1} 时要分两步，即先测 U_{BE1}，再测 U_{E1}，然后求 U_B 的值作为 T_1 管基极对地电位？

作 业

1. 根据测量数据表格，计算 A_u、A_{uo}、A_{uof}、A_{uf}、r_i、r_o、r_{if}、r_{of}（下角"uo"指电路 $R_L = \infty$）。

2. 结合本实验，分析电压串联反馈对放大电路的电压放大倍数、输入电阻、输出电阻的影响。

实验七　晶体二极管整流与滤波

实 验 目 的

1. 比较半波整流与桥式整流的特点。
2. 比较 C 型滤波与 RC 型滤波的特点。
3. 验证半波整流及桥式整流的输入电压有效值与其输出值 u_o 的关系。

实验原理简述

1. 半波整流与桥式整流的特点

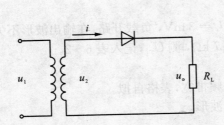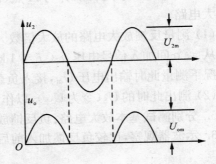

图 7 - 1　半波整流电路及波形

对图 7 - 1 的半波整流电路,由傅氏级数展开式得半波整流时输出电压表达式为:

$$u_o = U_{om}\left(\frac{1}{\pi} + \frac{1}{2}\cos \omega t + \frac{2}{3\pi}\cos 2\omega t - \frac{2}{15\pi}\cos 4\omega t + \cdots\right)$$

式中,$\dfrac{U_{om}}{\pi}$ 为直流分量,$\dfrac{U_{om}}{\pi}$ 为基波交流分量幅值,其余为谐波分量。

忽略二极管内阻压降,则输出直流电压为 $U_o = \dfrac{U_{om}}{\pi} = \dfrac{\sqrt{2}U_2}{\pi} = 0.45U_2$,式中,$U_2$ 为变压器负方电压有效值。

对图 7 - 2 的桥式整流电路,由傅氏级数展开式得桥式整流时输出电压表达式为:

$$u_o = U_{om}\left(\frac{2}{\pi} + \frac{4}{3\pi}\cos 2\omega t - \frac{4}{15\pi}\cos 4\omega t + \cdots\right)$$

$$u_o = \frac{2U_{om}}{\pi} = \frac{\sqrt{2}U_2}{\pi} = 0.9U_2$$

可见,桥式整流比半波整流输出直流电压高一倍。

2. C 型滤波与 RC 型滤波的特点

整流后得到的单向脉冲的直流电压因脉动大必须进行滤波才能得到较平滑的整流电压。

图 7-3 的 C 型滤波电路中，忽略二极管正向压降。在 $t = t_1$ 时 u_2、u_o 均达到最大值，而后 u_2、u_o 下降，u_2 按正弦规律下降很快，在 $t = t_2$ 时 $u_2 < u_0$，二极管 D 截止，电容器对负载电阻放电，负载电阻仍有电流，u_o 按放电曲线下降；在 $t = t_3$ 时，$u_2 > u_0$，二极管又导通，电容器又被充电，重复上述过程，不难看出 R_L 越大，其输出电压越平滑，输出直流电压越接近于变压器副方交流电压峰值，通常 $U_o = (0.9 \sim 1.4) U_2$。

对于图 7-4 的 RC 滤波电路，由于在 C_1 和 R_L 之间串联一个电阻 R，使 C_1 放电速度减慢，有利于减少 C_1 两端电压波动，其次引入 C_2 后，使脉动电压的交流分量较多地降落在电阻 R 两端，所以输出电压中的交流成分比 C 滤波时要小得多。

当然要获得一个比较理想的直流电压，上述整流滤波是不可少的，但不完善，还必须经过稳压等环节，在此不予叙述。

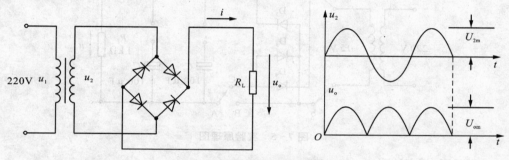

图 7-2 桥式整电路及其波形

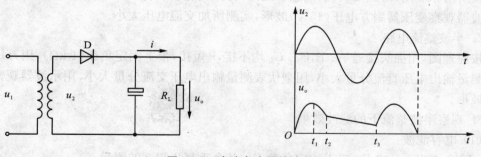

图 7-3 滤波电路及其波形

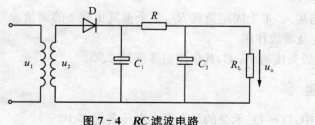

图 7-4 RC 滤波电路

实 验 器 材

1. 变压器(220 V/15 V)   1台
2. 交流毫伏表   1只
3. 双踪示波器   1台
4. 万用表   1台
5. 实验板   1块

实 验 内 容

本实验电路原理图如图7-5所示：

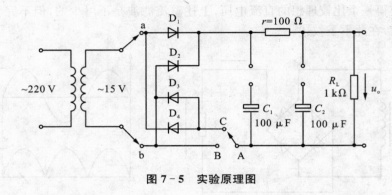

图 7-5   实验原理图

1. 测电压,观察波形

按所给原理图,对照实验板,熟悉各元件,待检查无误后将 a、b 接在 15 V 交流电源上,用示波器观察变压器副方电压(15 V)波形,实测所加交流电压大小。

2. 半波整流电路

按原理图,用插头接通 A、B,C_1、C_2 均不接,r 短接,带上固定负载(1 kΩ),用万用表直流档测量输出电压直流分量大小,用毫伏表测量输出电压交流分量大小,用示波器观察输出电压波形。

3. 观察半波整流下的滤波效果

(1) 电容滤波：

r 短接,接入 C_1 或 C_2,带上固定负载 R_L,其余重复步骤2的测量。

(2) RC 型滤波：

C_1、C_2、r 均接入,带上固定负载 R_L,其余重复步骤2的测量。

4. 全波整流及滤波作用

按原理图用插头接通 A、C,其余测量步骤同2、3。

思 考 题

在桥式整流中,$D_1 \sim D_2$ 承受的最大反向电压各是多少？

作　业

1. 验证无滤波时,负载整流电压。
2. 在桥式整流中,若有一管子的电极接反了,你估计会出现什么问题?

附:实验数据表格　　　　　　　　　　表7-1

整流滤波类型		变压器副方电压 U_2		示波器显示 u_o 波形		负载直流电压数值	负载电压中的交流分量数值
		波形	数值	DC 耦合	AC 耦合		
半波整流	无滤波						
	C 滤波	/					
	RC 滤波	/					
桥式整流	无滤波						
	C 滤波	/					
	RC 滤波	/					

实验八　线性串联直流稳压源

实 验 目 的

1. 通过实验加深理解串联稳压电源的工作原理；
2. 学习三端集成稳压器的使用。

概　　述

图 8-1 是常见的稳压电源的电路。其调整管采用复合调整管,它与负载 R_L 相串联而构成,故称为串联式稳压电源。电路工作在闭环负反馈状态,当输出电压变化时,取样电路取出误差电压经过 T_3 比较、放大,输出一个控制电压,使调整管 T_2 的 $c-e$ 间导通内阻自动变化,即 T_2 的管压降 U_{ce2} 变化,从而达到稳定输出电压 U_o 的目的。

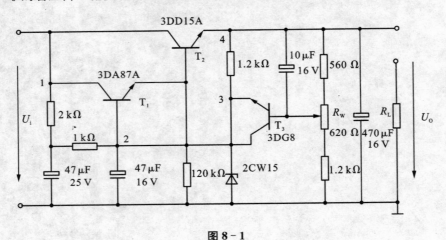

图 8-1

稳压电源的技术指标可分为:

1. 特性指标:包括允许输出电压、输出电流及输出电压调节范围等;
2. 质量指标:是用来衡量稳压电源的优劣,包括稳压系数、输出电阻、温度系数及纹波电压等。

实 验 器 材

1. 数字电压表	1只
2. 示波器	1台
3. 整流滤波板	1块
4. 交流电源(15 V)	1块

实 验 内 容

1. 串联型直流稳压电源

（1）测量 U_i。

（2）测输出电压 U_o 的调节范围（空载）：

调 R_W，测量稳压电源的最大输出电压 U_{omax} 和最小输出电压 U_{omin}。

（3）调 R_W，使 $U_o = 12\ \text{V}$，然后测量图 8-1 中所示的各标注节点的电压值，记入表 8-1 中。

表 8-1

各点对地电位	U_1	U_2	U_3	U_4
（V）				

（4）空载时，测出 $U_o = 12\ \text{V}$，然后接入负载 R_L，测量 U_o 变化情况：_____。

（5）输出纹波电压的测量。输入电压 U_i 不变，输出电压 12 V。负载输出端纹波电压用毫伏表测量并记录：_____，同时用示波器观察（AC 耦合）并画出：_____。

2. 三端集成稳压电路应用

三端集成稳压器内部电路与上述分立件组成的串联调整式稳压电源十分相似。不同的是增加了恒流源、启动电路以及保护电路。

集成稳压器分为固定电压输出和可调电压输出。例"78××系列"（正电压输出）和"79××系列"（负电压输出）为固定输出稳压器，LM317 为可调输出稳压器。但固定输出的稳压器可改为可调的，可调的输出稳压器电压调整端直接接地，则输出 U_o 固定为其基准电压值（较低）。

在使用中可以用输出正电压的三端稳压器输出负电压，反之亦然。也可构成恒流源。同一厂家，同一型号可以并联使用。

一般固定输出稳压器的最大输入电压小于 40 V。整流电路输出电压的峰值不得超过此值，U_i 与 U_o 之差不要小于 3 V 左右，也不应悬殊过大。在使用中，输出电压选定后，还应查寻所需集成稳压器的输入电压要求。公共端不得悬空；不同的封装器件，引脚不同，需清楚管脚排列。

7800、7900 系列引脚如图 8-2 所示。

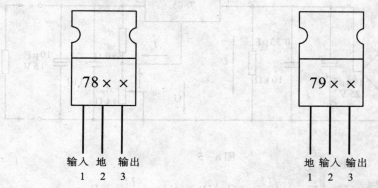

图 8-2

（1）采用 78L12（或 78M12）组成正电压输出，按图 8-3 组成电路，根据表 8-2 测量。

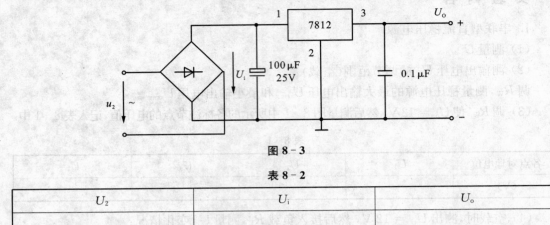

图 8-3

表 8-2

U_2	U_i	U_o

（2）改变电压极性（利用 78××），根据图 8-4，组成电路，根据表 8-3 测量。

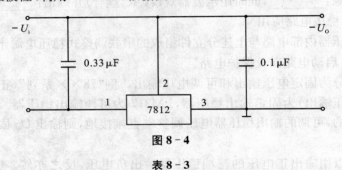

图 8-4

表 8-3

$-U_i$	$-U_o$
18 V	

（3）利用固定式三端稳压器构成 5～12 V 可调电源。见图 8-5，按表 8-4 测量。

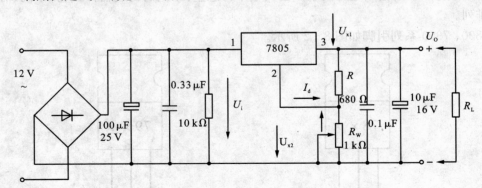

图 8-5

$$U_o = U_{x1} + \left(\frac{U_{x1}}{R} + I_d\right)R_W \approx U_{x1} + \frac{U_{x1}}{R} \cdot R_W$$

表 8-4

U_{i}	U_{x1}	U_{x2}	$U_{o}(R_{L}=\infty)$	$U_{o}'(R_{L}=100\ \Omega)$	计算 $\triangle U_{o}$
	5 V				
	9 V				
	12 V				

思考题与作业

1. 整理测量数据。

2. 当电网电压变化时,试说明图 8-1 电路中各点电位的变化趋势(增大还是减小),并阐述输出电压稳定过程。

3. 整理记录实验数据。

实验九　差动放大电路

实　验　目　的

1. 加深对差动放大电路工作原理及特点的理解,了解零点漂移产生的原因与抑制零漂的方式。

2. 学习差动放大电路的测试方法。

实验原理简述

差动放大电路在直流放大中零点漂移很小,它常用作多级直流放大电路的前置级,用以放大微弱的直流信号或交流信号。

1. 电 路 特 点

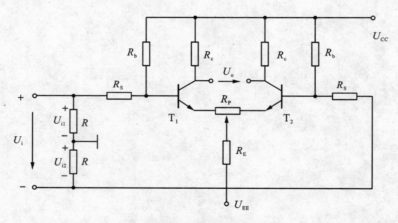

图 9-1　差动放大电路

图 9-1 为典型的差动放大电路。放大电路两边对称,两晶体管型号、特性一致,各对应电阻阻值相同,R_E 为公共的发射极电阻,R_P 为调零电位器,因电路两边实际组成时不可能完全对称,因此静态时可能两端直流电压不为零,调 R_E 可使放大电路在输入为零时输出电压也为零。

2. 电压放大倍数

对于差动放大电路来说,两个输入端输入极性相反、幅值相同的输入信号为差模信号,也就是要放大的有用的信号,同时输入一对同极性、同幅值的输入信号为共模信号,如零点漂移、工频电源干扰就是这种信号。

(1) 对于差模信号,图 9-1 的单管交流电路及其等效电路如图 9-2 所示。

u_i 经分压形成幅度相同 $\left(\frac{1}{2}u_i\right)$。极性相反的两组电压输入到差动放大管两侧,令每侧的放大倍数为 A_1,则:

$$\dot{U}_{o1} = \frac{1}{2}\dot{A}_1\dot{U}_i, \quad \dot{U}_{o2} = -\frac{1}{2}\dot{A}_1\dot{U}_i, \quad \dot{U}_o = \dot{U}_{o1} - \dot{U}_{o2} = \dot{A}_1\dot{U}_1$$

所以 $\dot{A}_d = \dfrac{\dot{U}_o}{\dot{U}_i} = \dot{A}_1 = -\dfrac{\beta R_C}{R_S + r_{be} + (1+\beta)R_1}$ （认为电路完全对称 $R_2 = R_1$）

即：这种两管差动式放大电路和基本单管电路的放大倍数相同。对于单端输出的放大倍数 $\dfrac{\dot{U}_{o1}}{\dot{U}_1}(A_{d1})$ 将是单管交流放大电路的一半。

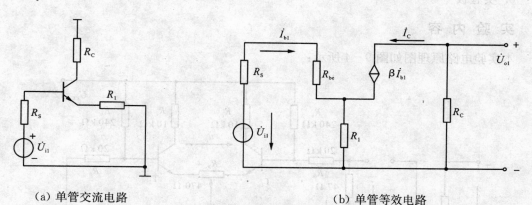

(a) 单管交流电路   (b) 单管等效电路

图 9 - 2 差模输入时差动放大电路工作状态

(2) 对于共模信号，图 9-1 的单管交流电路及其等效电路如图 9-3 所示。

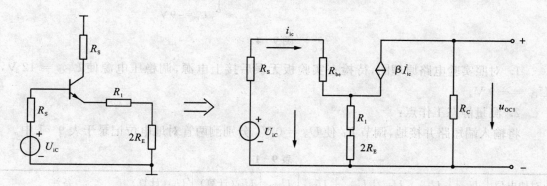

图 9 - 3

$$A_{C1} = \frac{\dot{U}_{oC1}}{\dot{U}_{ic}} = \frac{-\beta R_C}{R_S + r_{bc} + (1+\beta)(R_1 + 2R_E)},$$

一般 $2R_E \gg R_1$ 且 $(1+\beta)2R_E \gg R_S + r_{bc}$，

所以 $A_{C1} \approx -\dfrac{R_C}{2R_E}$，同样可得 $A_{C2} = -\dfrac{R_C}{2R_E}$，则 $A_{C1} = A_{C2}$。

可见，差动放大电路电压放大倍数与对应的单管电路的电压放大倍数相同，共模反馈电路 R_E 仅对共模信号起负反馈作用（R_E 与 A_C 成反比），对差模信号不产生影响（A_d 与 R_E 无关）。

实 验 器 材

1. 双路可调直流稳压电源（0～30 V）　　　　1 台
2. 函数信号发生器　　　　　　　　　　　　1 台
3. 交流毫伏表　　　　　　　　　　　　　　1 台
4. 万用表　　　　　　　　　　　　　　　　1 只
5. 直流信号源装置　　　　　　　　　　　　1 个
6. 实验板　　　　　　　　　　　　　　　　1 块

实 验 内 容

本实验电路原理图如图 9-4 所示：

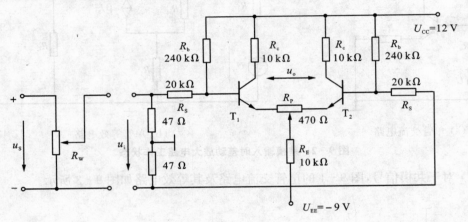

图 9-4

1. 对照实验电路原理图，待检查实验板无误后接上电源，调稳压电源使 $U_{CC} = 12$ V，$U_{EE} = -9$ V。

2. 测量静态工作点：

将输入端短路并接地，调节 R_P 使 $U_o = 0$ V，分别测两管对地电位记录于表 9-1 中。

表 9-1

对地电位	U_{C1}	U_{C2}	U_{E1}	U_{BE1}	U_{E2}	U_{BE2}	U_{B1}（计算）	U_{B2}（计算）	备注
测量值									$U_B = U_E + U_{BE}$

3. 测量差模电路电压放大倍数（做法要求见实验数据表格）。

（1）在输入端分别加入直流差模信号 $U_{id} = \pm 0.2$ V（由直流低电压与电位器组成直流小信号电源），测量单端电压 U_{od1}、U_{od2} 及双端输出电压 U_{od}。计算其电压放大倍数 A_{d1}、A_{d2} 及 A_d。

（2）输入低频小信号电压（正弦交流）$U_i = 0.3$ V，$f = 100$ Hz，分别测量单端及双端输出电压。

4. 测量共模电压放大倍数：

将输入端短接为一端，与地之间加入＋0.1 V 直流为共模信号 U_{ic}，测量单端输出电压 U_{oc1}、U_{oc2}，及双端共模电压 U_{oc}。

5. 定性了解温度变化引起的零漂现象：

首先调零，接线及方法同测量静态工作点时调零相同，然后手持已加热的电烙铁置于两管等距的空间同时加热(时间不宜太长)，观察单端及双端输出电压变化情况。

实验数据表格

测量及计算　　　输入信号	差模输入						共模输入					
	测　量　值			计　算　值			测　量　值			计　算　值		
	U_{od1}	U_{od2}	U_{od}	A_{d1}	A_{d2}	A_d	U_{oc1}	U_{oc1}	U_{oc}	A_{c1}	A_{c2}	A_c
直流　$U_{id}=+0.2$ V							/	/	/	/	/	/
直流　$U_{id}=-0.2$ V							/	/	/	/	/	/
直流　$U_{ic}=0.1$ V	/	/	/	/	/	/						
正弦交流　$U_{id}=0.3$ V							/	/	/	/	/	/

思　考　题

1. 在调节电路平衡过程中，若把 P 点向 T_2 侧滑动时，两管集电极电位如何变化？

2. 图 9-1 中 R_E 的提高受什么限制？如何解决？画出相应的电路图。

3. A_{d1} 与 A_1 有什么区别？

作　　　业

1. 整理实验数据并填入表格，计算有关量。

2. 由电路估算静态工作点及差模电压放大倍数，并与实测值相比较。

3. 总结差动放大电路的特点。

注：A_d 为双端输出电压放大倍数；A_{d1}、A_{d2} 为单端输出电压放大倍数。

实验十　集成运算电路

实 验 目 的

1. 了解集成运算放大器的使用方法;
2. 掌握运算放大器进行比例、加法、积分等基本运算功能。

概　　述

本实验所选用集成块为 LM324。特介绍如下:LM324 含有四个独立的、高增益的、并有内部频率补偿的运算放大器。使用电源电压可达 32 V 或 ±16 V。

LM324 用塑料封装、双列直插式。引线脚顺序确定:将引脚朝下,从缺口逆时针数起,依次为 1, 2, 3, …,14 脚。引脚排列与各引脚作用如图 10 - 1。

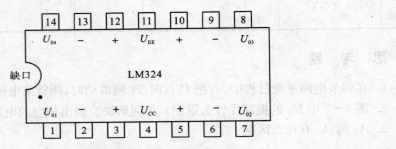

图 10 - 1　LM324 外引线功能端排列

实 验 器 材

1. 双踪示波器	1 台
2. 电子电路学习机	1 台
3. 函数信号发生器	双路输出 1 台或单路输出 2 台
4. 交流毫伏表	1 台
5. 万用表	1 只
6. 直流信号源装置	1 台
7. 双路可调直流稳压电源（0～30 V）	1 台
8. 4.7 kΩ 电位器	2 只

实 验 内 容

1. 电源电压选为:$U_{CC} = +12\,V$, $U_{EE} = -12\,V$,搞清各脚的作用,连好实验电路后,检查无误,方可送 ±12 V 电源。

2. 运算放大器特性曲线观察,按图 10 - 2 接线。

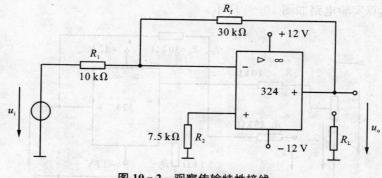

图 10-2　观察传输特性接线

送入频率为 100 Hz，0.5 V 的正弦交流信号，观察传输特性。（输入、输出信号分别输入到示波器 X、Y 轴）

3. 运算比例，按图 10-3 接线：

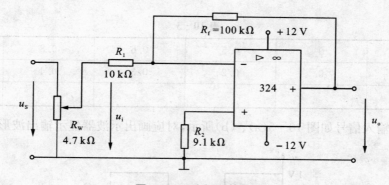

图 10-3　比例运算电路

（1）调 R_{W1} 分别测量当 U_i（直流信号）如表 10-1 中的数值时，测量输出电压的值，验证输出、输入是否成比例关系。

表 10-1

$U_i(V)$	0	0.2	0.4	0.6	0.8	1.0
$U_o(V)$						
$U_o/U_i = A_u$						

（2）令输入信号为正弦交流信号（$f = 500$ Hz），完成表 10-2 的测量要求。

送入 $f = 500$ Hz 正弦交流信号，在无失真的情况下分别测量当 U_i 为表 10-2 所示数值时的输出电压，计算是否符合比例要求关系。

表 10-2

$U_i(mV)$	100	200	400	600	800	1 000
$U_o(V)$						
A_u						

4. 加法运算实验电路如图 10-4 所示：

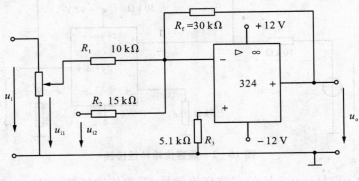

图 10-4

（1）按表 10-3 所给输入正弦交流电压数值，测输出电压 u_o 大小（u_{i1} 或由电位器从 u_{i2} 提取）。

表 10-3

u_{i2}(V)	0	0.5	0.6	0.8	1
u_{i1}(V)	0	0.2	0.3	0.4	0.5
u_o(V)					

（2）所给输入信号如图 10-5(a)、(b)所示，对应画出示波器显示输出波形。

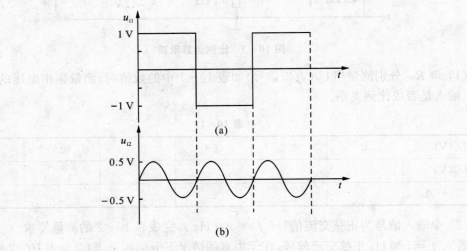

图 10-5

5. 基本积分运算：

在反相比例运算电路中，用电容元件 C 代替反馈元件 R_F 就构成了积分运算电路。利用积分电路可以实现延迟、移相等功能，可以作为显示器的扫描电路、数学模拟运算等。

如图 10-6(a)所示反相积分电路，输入电压波形为图 10-6(b)所示。

输出电压为：$u_o = -\dfrac{1}{RC}\displaystyle\int u_i \mathrm{d}t = -10^2\displaystyle\int u_i \mathrm{d}t$

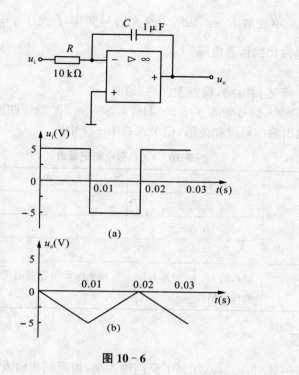

图 10-6

当 $t = 0$ 时，$u_{oo} = 0$

在 $0 \sim 0.01$ s 内

$$u_o = -10^2 \int_0^t 5 \mathrm{d}t = -500t$$

当 $t = 0.01$ s 时，$u_{o1} = -5$ V

在 $0.01 \sim 0.02$ s 内

$$u_o = -5 + \left[-10^2 \int_{0.01}^t (-5)\mathrm{d}t \right] = -5 + 500t - 5 = 500t - 10 \quad (t = 0.02 \text{ 时}, u_{o2} = 0)$$

基本积分实验电路为图 10-7 所示。

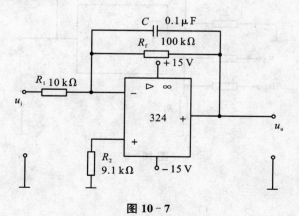

图 10-7

图 10-7 中 R_f 是分流电阻，用于稳定直流增益，以避免直流失调电压在积分周期内积

累导致运放饱和。一般取 $R_f = 10R_1$，输入信号频率 f 大于 $\dfrac{1}{2\pi R_f C}$ 时积分才有效，否则图 10-7 电路近似为比例运算电路。

实验要求：

（1）按图 10-7 连接电路，检查无误后，通电；

（2）在输入端输入信号频率 $f = 500\,\text{Hz}$，$U_{i(P-P)} = 3\,\text{V}$ 的正弦波电压、方波电压、三角波电压，用示波器测出输出幅度和波形，记录在表 10-4 中。

表 10-4　积分电路记录表

	波　形	$U_{o(P-P)}$（V）	输入、输出波形
$U_{i(P-P)} = 3\,\text{V}$	正弦波		
	方　波		
	三角波		
备　注	显示的 u_i、u_o 波形在同一直角坐标系中分别用实线、虚线对应画下，其波形可画在表格外		

思　考　题

1. 在做加法运算时，u_{i1}、u_{i2} 加到了反向输入端，加到同相输入端是否也可以？

2. 图 10-7 电路在什么情况下不能作为积分电路而只能近似为反相比例电路？

作　　业

1. 整理实验数据计算有关量，并与理论值进行比较，正确画出积分运算时各输入、输出信号对应的电压波形，并与理论值比较。

2. 写出图 10-8 中 u_o 的表达式。

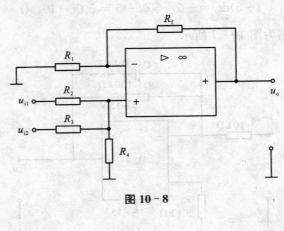

图 10-8

实验十一　集成运放的运用

实 验 目 的

通过对波形发生电路的测试,进一步掌握集成运放电路分析方法,增强应用集成运放的能力。

实 验 项 目

一、RC 正弦波发生器(桥式)

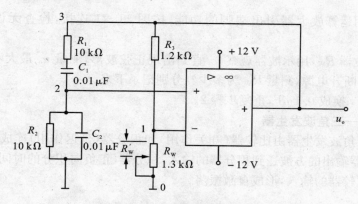

图 11-1　RC 桥式振荡器

该 RC 正弦波振荡实验电路如图 11-1 所示,它由同相比例电路和 RC 串并联电路组成,为了不至于输出波形明显失真,加入了负反馈稳幅支路。

其负反馈系数:
$$\dot{F}_1 = \frac{\dot{U}_{10}}{\dot{U}_{30}} = \frac{R'_{\mathrm{w}}}{R_3 + R'_{\mathrm{w}}}$$

其选频网络 $R_1 = R_2 = R$, $C_1 = C_2 = C$, 电路谐振时,其 $\omega = \dfrac{1}{RC}$

RC 选频网络的正反馈系数为:
$$\dot{F}_2 = \frac{\dot{U}_{20}}{\dot{U}_{30}} = \frac{1}{3}$$

电桥总反馈系数为:
$$\dot{F} = \frac{\dot{U}_{21}}{\dot{U}_{30}} = \frac{\dot{U}_{20}}{\dot{U}_{30}} - \frac{\dot{U}_{10}}{\dot{U}_{30}} = \dot{F}_2 - \dot{F}_1$$

当 $\omega_0 = \dfrac{1}{RC}$ 时:$\dot{F} = \dot{F}_2 - \dot{F}_1 = \dfrac{1}{3} - \dfrac{\dot{R}'_{\mathrm{w}}}{\dot{R}'_{\mathrm{w}} + R_3}$

所以
$$\dot{A} = \frac{1}{\dot{F}} = \frac{3(R_3 + R'_{\text{w}})}{R_3 - 2R'_{\text{w}}}$$

同相放大器倍数总是正实数。所以负反馈支路必须满足 $R_3 > 2R'_{\text{w}}$。

实 验 器 材

1. 双踪示波器   1台
2. 模拟电子实验箱(或蛇目板、面包板等)   1台
3. 万用表   1只
4. 双路可调直流稳压电源(0~30 V)   1台
5. 函数信号发生器   1台

实 验 内 容

1. 检查所用运算放大器引出端脚的功能,按图 11-1 连接,检查无误,接通±12 V 电源。

2. 调节电位器 R_{w},用示波器观察 u_o 直到出现正弦波形,测量 u_o 最大不失真幅度 U_{om} 及其波形周期。断开电源,测量 R'_{w} 为多少?分别记录下来。

3. 将 C_1、C_2 换成 0.1 μF,重复步骤 2。

二、方波——三角波发生器

方波——三角波发生器由比较器(开关作用)和积分器(延迟作用)连成一体,组成正反馈电路,即比较器输出的方波送到积分器的输入,积分器(正负向积分的时间常数相等)输出的三角波送到比较器的输入,形成自激振荡。

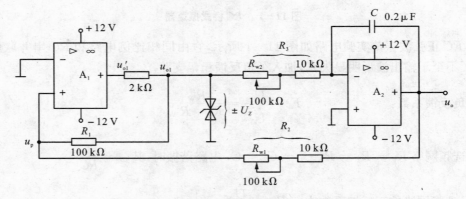

图 11-2 方波——三角波发生器(实验电路图)

其振荡波形如图 11-3 所示(u_o 波形幅度为 $\pm U_Z$ 时)。

1. u_o 的峰值:

当方波电压为负值($-U_Z$)时,使 u_o 形成一个正的斜波电压,用叠加法求得:

$$u_{\text{p}} = \frac{-R_2}{R_1 + R_2}U_Z + \frac{R_1}{R_1 + R_2}u_o$$

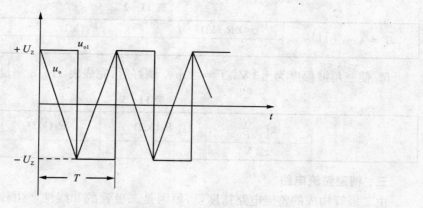

图 11 - 3　波形幅度为 $\pm U_Z$ 时波形图

在 $u_p = 0$ 时，A_1 翻转，u_o 开始线性下降，可得 u_o 最大值，即 $U_{omax} = \dfrac{R_2}{R_1}U_Z$

当方波电压为正值 U_Z 时，在 u_p 又等于零时，A_1 再次翻转，开始线性上升可得 u_o 最小值，即 $U_{omin} = -\dfrac{R_2}{R_1}U_Z$

所以三角波的振幅为：
$$U_{omax} - U_{omin} = 2\frac{R_2}{R_1}U_Z$$

2. 振荡频率：

图 11 - 3 所示波形表明，在 $\dfrac{T}{2}$ 时间内，u_o 的变化量等于 $2\dfrac{R_2}{R_1}U_Z$

即：
$$\frac{1}{R_3 C}\int_0^{\frac{T}{2}} U_Z \mathrm{d}t = 2\frac{R_2}{R_1}U_Z \qquad T = \frac{4R_2 R_3 C}{R_1}$$

所以：
$$f = \frac{1}{T} = \frac{R_1}{4R_2 R_3 C}$$

实 验 内 容

1. U_Z 选 6 V 左右，按实验电路图 11 - 2 配齐元件，组成电路，检查无误后接通电源 ± 12 V。

2. 用示波器观察 u_{o1} 及 u_o 波形。

3. 调 R_3、R_2 使 u_o 波形幅度为 $\pm U_Z$，$T = 8$ ms。完成表 11 - 1 测量记录。

表 11 - 1

$T = 8$ ms	$2U_Z(\mathrm{V})$	$R_2(\mathrm{k\Omega})$	$R_3(\mathrm{k\Omega})$	选调元件为	u_{o1} 与 u_o 波形

4. 使三角波的周期 $T = 4$ ms，幅度为 $\pm U_Z$，调有关元件，完成表 11 - 2 测量记录。

表 11 - 2

$T = 4\,\text{ms} \pm U_Z$	$R_2(\text{k}\Omega)$	$R_3(\text{k}\Omega)$	选调哪个元件?

5. 使三角波幅度为 $\pm 3\,\text{V}$, $T = 2\,\text{ms}$, 调好后, 完成表 11 - 3 测量记录。

表 11 - 3

$T = 2\,\text{ms}$	$\pm U_Z \dfrac{R_2}{R_1}$	$R_2(\text{k}\Omega)$	$R_3(\text{k}\Omega)$	u_{o1} 波形与 u_o 波形
	$\pm 3\,\text{V}$			

三、精密整流电路

由二极管构成的整流电路精度低, 原因是二极管的非线性产生较大的误差; 再者, 二极管存在死区电压, 当弱信号时误差会更明显, 甚至无法整流。利用集成运放的放大作用和深度负反馈, 可提高精度, 从而实现对弱小信号的较理想的整流。对某些单极性运算电路, 只要在它的输入端与输入信号源之间加一个全波精密整流电路, 输入信号可为正亦可为负了。

1. 图 11 - 4(a)为半波精密整流。

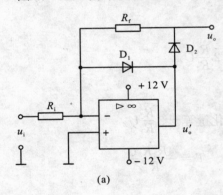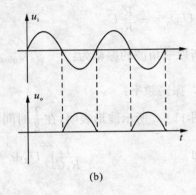

图 11 - 4

当 $u_i > 0$ 时, $u_o' < 0$, D_1 导通, D_2 截止, $u_o = 0$。

当 $u_i < 0$ 时, $u_o' > 0$, D_1 截止, D_2 导通, 此时电路为反相比例运算电路, 所以此状态下, $u_o = -\dfrac{R_f}{R_i} u_i$, 若 $R_i = R_f$, 则 $u_o = -u_i$。其工作波形如图 11 - 4(b)所示。

2. 图 11 - 5(a)为全波精密整流电路。

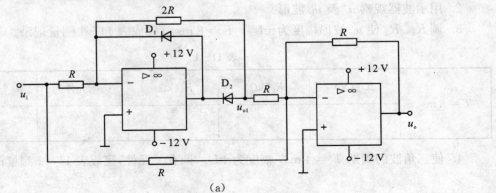

（a）

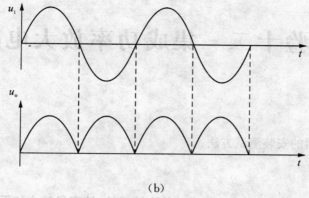

(b)

图 11-5

当 $u_i > 0$ 时，D_1 截止，D_2 导通，$u_{o1} = -2u_i$

$$\frac{0 - u_o}{R} = \frac{-2u_i}{R} + \frac{u_i}{R} \text{ 即：} u_o = u_i$$

当 $u_i < 0$ 时，$u_{o1} = 0$，则 $u_o = -u_i$

波形如图 11-5(b)所示。

实验要求：

输入正弦电压信号 $f_i = 100 \text{ Hz}$

（1）图 11-4(a)，精密半波整流电路，$R_f = 100 \text{ k}\Omega$，$u_i$ 分别为 5 mV、10 mV、15 mV、20 mV，测量输出电压 u_o，用示波器观察 u_o 及传输特性 $u_o \sim u_i$。

（2）图 11-5(a)，精密全波整流电路，$R = 10 \text{ k}\Omega$，u_i 幅度分别为 5 mV、20 mV、100 mV、3 V，测量要求同精密半波整流。

思 考 题

图 11-2 若得到锯齿波，实验电路图中哪些部分需进行变动？画出需变动的电路环节。

作 业

1. 整理实验数据及相应的波形图，并与理论值相比较。
2.* 完成思考题。

实验十二　集成功率放大电路

实 验 目 的

掌握功率放大器的安装测试方法。

实 验 项 目

一、该实验选用的是 TDA2002 集成功放电路模块，该产品简介如下

本集成电路特点：输出功率大，噪声小，失真系数小，开机冲击噪声小，内部设置多种保护电路对电源浪涌、过压和负载短路等异常情况有较强的适应性，只有五个引出端，应用非常方便。

主要参数：

1. 极限参数

电源电压（浪涌）40 V　　　　　　　　峰值电流（重复型）3.5 A

电源电压 28 V　　　　　　　　　　　峰值电流（非重复型）4.5 A

加外壳允许功耗 15 W

2. 电性能参数

$T_A = 25℃$　　　　$R_L = 4\ Ω$　　　　$f = 1\ kHz$　　　　$U_{CC} = 14.4\ V$

使用 1 mm × 100 mm × 2 mm 的散热器	最大	最小	典型
静态电流：（当 $U_i = 0$ 时）	85 mA	35 mA	55 mA
输出功率：（4 Ω）	5.4 W	4.8 W	
输出功率：（2 Ω）	9 W		
电压增益（开环）（$R_L = 4\ Ω$　$f = 1\ kHz$）			80 dB
电压增益（闭环）（$R_L = 4\ Ω$　$f = 1\ kHz$）			40 dB

实 验 内 容

实验电路如图 12-1 所示，由图知 TDA2002 集成功放芯片是接成 OTL 功放电路进行性能测试的。要求自己制造印刷电路板，索取制造方法，给出参考印刷电路板如图 12-2 所示。

1. 按图 12-1 组成电路，接上电源、负载（8 Ω、3 W 功率电阻），使 $u_i = 0$，测量功率放大器输出端 4 脚静态电位是否为电源一半。

2. 从同相输入端送 400 Hz 正弦信号，用示波器观察输出波形，输入信号的大小以输出不失真为度，测量 u_o 及 u_i 的大小，计算电压放大倍数，并与估算值相比较。

3. 在 u_o 最大不失真的条件下，测量电源提供的功率：$P_E = U_{CC} \cdot I_{CC}$（$I_{CC}$ 为电源提供的电流）。

4. 系统连接。把 8 Ω 负载电阻换为 8 Ω 喇叭，接上录音机，组成音响电路。送一段音乐，实地体验你制造的功率放大器的效果。

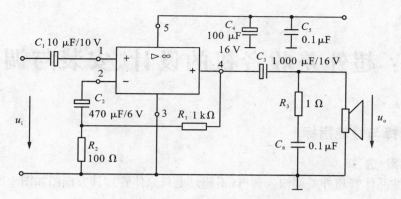

图 12-1   TDA2002 应用电路

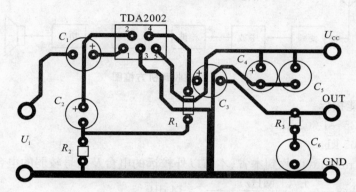

图 12-2   印刷电路板

二、设计 BTL 功放电路

所谓 BTL 接法的功放,即平衡型无输出变压器的推挽电路,一"推"一"挽",不像 OTL 电路那样不同时进行,而可在同一时刻内你推我挽,相辅相成。在相同条件下输出电压是 OTL 的两倍,则功率理应是四倍。

1. 提示:需使用两个集成功放块,注意选择电源电压值,选取合适的负反馈电阻等外围元件。

(1) 信号由其中一个集成块的同相端输入,得到的输出电压 u_o 一方面送到扬声器的一端,同时送入另一个集成块的反相端获得输出 $-u_o$ 送到扬声器的另一端;

(2) 另一种接法。激励信号从两集成功放块同相端差动输入,扬声器接在两集成功放输出端之间。

2. 画出所设计的实验电路图进行安装调试。

思 考 题

在芯片允许的功率范围内,加大输出可采取哪些措施?

作 业

1. 整理实验数据。根据实验结果分析功率放大电路的性能,计算输出功率 P_0 及效率 η。

2. 叙述 OTL 电路安装过程及 BTL 集成功放电路的设计、安装过程。

附：超外差收音机的设计、安装与调试

方案选择与性能指标

一、方 案 选 择

选择中波晶体管超外差调幅收音机(不超过七只晶体管),其方框图如图 1 所示。

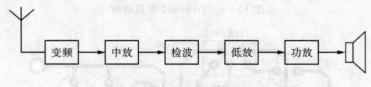

图 1　超外差收音机方框图

二、主要性能指标

频率范围:535~1 605 kHz

中频频率:465 kHz

灵敏度:<1 mV/m(能收到本省、本市以外较远的电台及信号较弱的电台)

选择性:$20 \lg \dfrac{E_2(1 \text{ MHz})}{E_1(1 \text{ MHz} \pm 10 \text{ MHz})} > 14 \text{ dB}$

输出功率:最大不失真功率≥100 mW

电源消耗:静态时,≤12 mA,额定时约 80 mA

概　　述

目前调频式或调幅式收音机,一般都采用超外差式,它具有灵敏度高、工作稳定、选择性好及失真度小等优点。我们要求选用的是超外差式调幅收音机。

收音机接收天线将广播电台播放的高频的调幅波接收下来,通过变频级把外来的各调幅波信号变换成一个低频和高频之间的固定频率——465 kHz(中频),然后进行放大,再由检波级检出音频信号,送入低频放大级放大,推动喇叭发声。不是把接收天线接收下来的高频调幅波直接放大去检出音频信号(直放式)。

在设计中,根据所要求的内容、指标进行各单元的设计,拟定单元电路,初步确定电路元件参数;再根据组合起来的系统电路进行核算,确定整机电路。在印刷电路的设计中,主要考虑元件的布局及走线,务必遵循一般规律。最后通过安装调试达到要求的电气性能指标,确定最终的电路元件参数,固定、封装,成为完整的收音机产品。

一、电源电压的选择

晶体管收音机所选用的电源电压通常为 1.5 V、3 V、4.5 V、6 V、9 V 等。本收音机选用 4.5 V。电源电压选得高,对于提高灵敏度和输出功率有利。

二、输入回路和变频级

该部分的任务是接收各个频率的高频信号转变为一个固定的中频频率(465 kHz)信号

输送到中放级放大。它涉及两个调谐回路，一个是输入调谐回路，一个是本机震荡回路。输入调谐回路选择电感耦合形式，本机震荡回路选择变压器耦合振荡形式。

相关联的元件：

1. 磁性天线（由线圈套在磁棒上构成）

初级感应出较高的外来信号电压，经调谐回路选择后的信号电压感应给次级输入到变频级。

2. 双联可变电容器（两只可变电容器，共用一个旋转轴）

可同轴同步调谐回路和本机震荡回路的槽路频率，使它们频率差保持不变。

根据频率范围要求，磁棒采用中波磁棒（锰锌铁氧体材料），磁棒长点为好。线圈的初、次级耦合的松紧，次级圈数的多少，直接影响输入电路特性。线圈的初、次级匝比约为1/10。

双联可变电容器连到输入回路要并一个小微调电容器用来调整其高端的槽路频率；连到本机振荡回路要并入微调小电容器，以明显改变其高端槽路频率，并要串入小电容器（垫整电容），以明显地增高可变电容器调到低端位置时的槽路频率。根据指标要求，输入回路的频率覆盖系数为：

$$k_d = \frac{f_{\max}}{f_{\min}} = \frac{1\,605\ \text{kHz}}{535\ \text{kHz}} = 3$$

振荡回路的频率覆盖系数：

$$k_d = \frac{(1\,605 + 465)\text{kHz}}{(535 + 465)\text{kHz}} = 2.07$$

可变电容器与磁性天线、振荡线圈的配用，有资料可查。

选用配套的磁棒、天线线圈、刻度盘、双联电容器、振荡线圈及垫整电容器等，该部分所要求的指标是容易达到的。

三、变频级电路

变频级电路的本振和混频，要求由一只三极管担任（自激式变频电路）。由于三极管的放大作用和非线性特性，所以可以获得频率变换作用。可选择"共基调发变压器耦合振荡器"。

按本设计要求，在图 2 中，u_c 为外来中波信号调幅波，载频为 f_c（535～1 605 kHz）；u_L 为本机振荡电压信号（等幅波），f_L 应为 1 MHz～2 MHz。

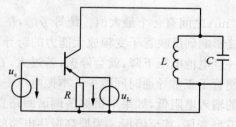

图 2 变频电路原理图

两个信号同时在晶体管内混合，通过晶体管的非线性作用产生 $f_L \pm nf_c$ 的各次谐波，在通过中频变压器的选频耦合作用，选出频率为 $f_L - f_c = 465$ kHz 的中频调幅波，如图 3 所示。

选择共基调发振荡电路的原因是该电路对外来信号与本机振荡电路之间的牵连干扰最小，工作稳定，可比共射式获得较高的频率。它的振荡调谐回路接在发射极与地之间，基极通过 C_5 高频接地，振荡变压器的反馈线圈（L_4）接在集电极与地之间，如图 4 所示。

变频管选择 3AG1 型能满足要求，其 I_{CEO} 应该小，静态工作点 I_C 的选择不能过大或过小。I_C 大，噪声大；I_C 小，噪声小。但变频增益是随 I_C 改变的。典型变频级一般在 0.2～

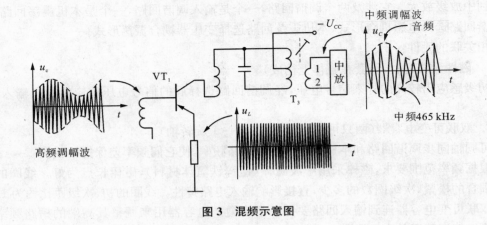

图 3　混频示意图

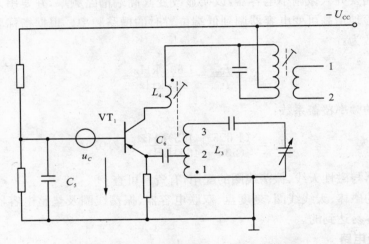

图 4　共基调发振荡电路示意图

1 mA 之间有一个最大值。统筹考虑，I_C 设计在 0.5 mA 左右为宜。本机振荡电压的强弱直接影响到反映管子变频放大能力的跨导，存在着一个最佳本振电压值。若振荡电压值过小，一旦电池电压下降，就会停振；若过大，在高端会产生寄生振荡，由于管子自给偏压作用，会使管子正常导通时间减少。本振电压一般选择在 100 mV 左右，由于采取的是共基电路，它的输入电阻低，如果本机振荡调谐回路直接并入，会使调谐回路的品质因素降低，振荡减弱，波形变坏，甚至停振。为提高振荡电路的性能，L_3 要采取部分接入的方式，使折合到振荡调谐回路的阻抗增加到 $(N_{13}/N_{12})^2 r_{eb}$。L_4 不能接反，否则变成负反馈，不能起振。

四、中频放大、检波及自动增益控制电路（如图 5 所示）

中放级可采用两极单调谐中频放大。变频级输出中频调幅波信号由 T_3 次级送到 VT_2 的基极，进行放大，放大后的中频信号再送到 VT_3 的基极，由 T_5 次级输出被放大的信号。三个中频变压器（T_3、T_4、T_5）都应当准确地调谐在 465 kHz。若三个中频变压器的槽路频率参差不齐，不仅灵敏度低，而且选择性差，甚至无法收听。中频变压器采取降压变压器，其初级线圈 L_5 要采用部分接入方式（道理同本振调谐电路），见图 6。

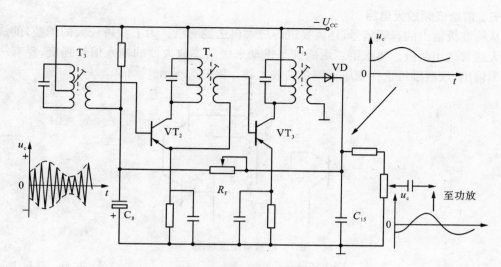

图 5　中放级电路原理示意

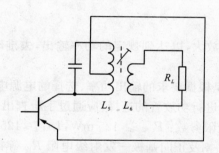

图 6　中频变压器接法示意图

这种接法以减小晶体管输出导纳对谐振回路的影响,初级选取适当的接入系数使晶体管的输出阻抗与中频变压器阻抗近似匹配,以获得较大的功率增益;中频变压器初、次级变比以各自负载选取,减小负载对谐振回路的影响。但选择 L_5 的接入系数及压降比时,不仅考虑到选择性,还要兼顾到增益和通频带。两级工作点的选择要有所区别,由于第一级总是带有自动增益控制电路,该级 I_C 的选取要考虑到在功率增益变化比较急剧处,应选得比较小;但 I_C 太小,功率增益也太小,整机性能随着电池电压变化时,稳定性就很差。综合考虑,对于 3AG1 型管选为 0.4 mA 左右。第二级 I_C 应考虑充分利用功率增益,则选择功率增益已接近饱和处的 I_C 值可选 1 mA 左右。

T_5 次级送到检波二极管的中频信号被截去了负半周,变成了正半周的调幅脉动信号,再选择合适的电容量,滤掉残余的中频信号,取出音频成分送到低放级(见图 5)。

检波输出的脉动音频信号经 R_F、C_8(C_8 可选几十微法)滤波得到的直流成分作为自动增益(AGC)电压,使第一中放基极得到反向偏置,当外来信号强弱变化时,自动地稳定中放级的增益。从图 5 可见,使用的是 PNP 型中放管,需要"+"的 AGC 电压。检波二极管不能接反,否则 AGC 电压极性变反,达不到自动控制中放管增益的作用,可产生自激、哨叫。

五、前级低频放大电路

从检波级输出的音频信号,还需要进行放大再送到喇叭。为了获得较大的增益,前级低频放大通常选用两级。要求第二级能满足推动末级功率放大器的输入信号强度,要有一定的功率输出,该激励可选择变压器耦合的放大器。如图 7 所示。

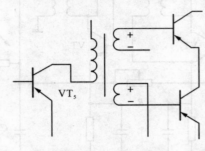

图 7　低放激励原理图

以上各级静态工作点 V_E 值以电源电压而定,VT_1、VT_2、VT_5 的 V_E 可取电源电压的 1/5 左右。

六、末级功率放大器

它将前级的信号再加以放大,以达到规定的功率输出,去推动喇叭发声,可选择我们熟悉的 OTL 电路。

低频放大电路的设计,是根据要求的输出功率、选择的电源电压、喇叭的交流电阻,从后向前进行。确定输出功率后进行功放管的选择,应通过手册查出功放管主要极限参数。例:小功率晶体管 3AX31B 的极限参数:$P_{CM} \geqslant 125$ mW,$I_{CM} \geqslant 125$ mA,$BV_{CEO} \geqslant 12$ V 。

末级一对功放管的 β、I_{CEO} 及正向基极—发射级电阻 R_{BE} 等都要对称(保证误差在 20% 以内)。

如果以高频管代替低频管,用于小信号前置放大级是可以的,但是大信号运用时,功率就不够,整机失真将增大。

静态电流一般取 $3\sim5$ mA 左右,它的大小影响着输出功率、失真和效率。

激励级要求输出功率较小,一般甲类放大器能满足要求。可求出输出级的功率增益,根据所要求的输出功率指标及输入变压器的效率 η 求出激励级的输出功率,定出交流电压幅值 U_m 及交流电流的幅值 I_{CM},求出变比 K 及 I_{CQ}。

功率放大至低放前级要加入合适的负反馈。

对于两级以上的放大器,公共电源往往会造成寄生耦合。当电池内阻上产生的信号相位恰好和它原来的信号电压相位相同时,就会产生正反馈,正反馈电压比输入电压大时,就会产生自激振荡。电池越旧,其内阻就越大,就越容易产生寄生耦合。最后一级输出最强,对前级影响最大,应着重考虑末级的信号电流影响。消除这些寄生耦合的方法(退耦)是在电池的两端并联电容器(C_{21}),旁路掉原来通过电池内阻的大部分的信号电流。但各级共用一个电源,级与级间并未隔开,应在前、后级间加入退耦电路(电阻 R_{16},C_{17}),如图 8 所示。

退耦电阻和退耦电容越大越好,但 R_{16} 不能太大,否则直流压降太大,致使前级需要直流电压降低过多,一般取 $100\sim470$ Ω 之间,退耦电容 C_{21}、C_{17} 选为 $50\sim200$ μF 之间。因为大电容分布电感较大,对于高频有较大的感抗,可以在退耦电解电容两端再并一个小电容(例:

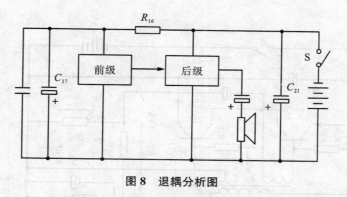

图 8　退耦分析图

并一个 $0.01\,\mu\mathrm{F}$ 的电容）。对于其他因素产生的寄生耦合,可以通过屏蔽、妥善布线等手段解决。

七、部分元件的选择

1. 三极管选择

变频管的截止频率 f 应比实际最高频率高出 $2\sim3$ 倍以上。各级三极管的穿透电流 I_{CEO} 都应该尽量小,对于 β 的选择,一般希望选大些,特别是第一中放管的 β 值应选大于 100,但不宜过大（容易引起自激）,应根据实际需要选配适当的 β 值。可以全部选用中等 β 值（$60\sim80$）配套,或采用 $\beta=80\sim120$ 的与 $30\sim60$ 的配成一套（电源电压不高,功率管 I_{CEO} 即使稍大些也可用）。

2. 电容的选择

高频部分的耦合电容和旁路电容在 $0.01\sim0.047\,\mu\mathrm{F}$ 间选用。变频管的振荡耦合电容和基极旁路不能过大或过小,否则,因容值过大引起间歇振荡,过小引起低端停振现象,应根据振荡频率 f 估算所涉及回路的时间常数选取该电容。

中频槽路电容误差可允许 $\pm5\%\sim\pm10\%$（通常中周 TTF 系列配 $200\,\mathrm{pF}$ 电容）。

电解电容允许误差不作要求,但要注意其耐压值,有较高的绝缘电阻。本机振荡回路并联的微调电容,可采用具有负温度系数的拉线电容。

八、画出整机电路原理图

参考整机电路原理图如图 9 所示。

九、整机印刷电路板设计原则

依照电路原理图,配齐元件,设计印刷电路板。元件在电路板上的安排、走线务必遵循一般规律:磁棒不要靠近中放级和检波级,也不要靠近机内的其他金属物和电池等。喇叭尽量远离磁棒,以减小磁钢漏磁对磁棒的影响。无论中频放大还是低频放大,总体要求第一级元件布置要紧凑,走线尽可能短,并且远离输出回路。输入与输出印刷走线不要平行,以抑制对输入回路的干扰。地线最好粗些,末级的所有接地元件应集中接地;末前级的所有接地同样较为集中地接在本级的附近,通过印刷线引至末级的地线。各级接地点（线）按照由末级到前级依次连接,勿要乱接,使前各级信号电流都由前向后经过地线到末级接地点入地,以免发生寄生耦合。按其规则画出整机印刷板电路图（制出电路板）。

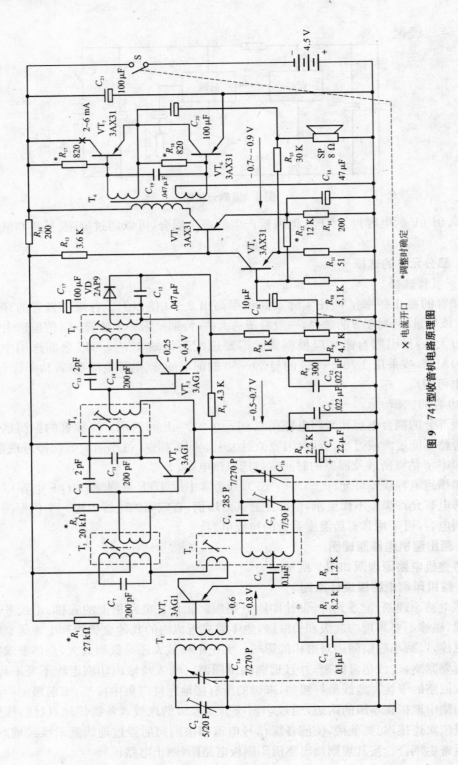

图 9 741型收音机电路原理图

安装与调试

一、组装前的准备

1. 三极管的检查

(1) 分清高频管与小功率低频管。

(2) 测量各三极管 β 值，再以 β 值决定某级配用三极管。

(3) 尽量选 I_{CEO} 小的三极管

最好不要单纯地以颜色标记作为三极管 β 值的依据，尽量用晶体管参数测试仪测量 β 和 I_{CEO}。

2. 电阻检查

电阻阻值有用数字表示的，有用颜色码表示的，但都要用万用表一一测量，阻值误差 10% 左右照常选用，不必强求原来的标称值。选用的功率应大于在电路中耗散功率 2 倍以上，以防止电阻过热、变值乃至烧毁。因受热而损伤的电阻不能再用，带开关的电位器也要按其在电路中的功能要求检测。

3. 电容检查

用万用表"Ω"档测量电容，主要从表针观察 R_Ω（该档表的电阻）、C 充电时间。由于常用的指针式万用表"Ω"档最大为"$\times 10\ k\Omega$"，故测量几百皮法小电容时，其时间常数 $R_\Omega C$ 太小，只能判断其是否断路。$0.022\ \mu F$ 左右的小电容可观察到指针的变化，漏电电阻应为几十~几百兆欧。

对于大容量的电解电容，选择适当的"Ω"档测量，其泄漏电阻是与电容量成正比的，泄漏电阻几千百欧以上可用。

测量前，充过电的电容要进行放电。测量时，指针式万用表的"$-$"要接在电解电容的"$+$"极，不要把人体电阻加进去。

电容器的耐压值应大于电源电压。本机振荡回路或谐振槽路的固定电容最好用云母或瓷介电容，其电容值不要偏离过大。电解电容误差在 100% 也照常使用。如有必要，可以用数字万用表（多数带有测电容功能）和电桥测量。

4. 线圈的检测（用万用表的"Ω"测量）

对于图 9 中输入变压器的一组次级线圈，其直流电阻值应相等，原边线圈阻值也应与次级的阻值相比较，看是否符合所要求匝数的阻值（初、次级线径通常一致），喇叭音圈直流电阻略小于音频阻抗，用表一搭一放听其"咯哒"声音判断其优劣。中周线圈只能用万用表判断其通断正确与否，一侧线圈自短路一般不能判断。

二、焊接

焊接的质量如何，直接影响到收音机的质量。若有假焊，接触不良，则成为干扰源，检修中难以发现。为了保证焊接质量，必须遵循以下几点：

(1) 金属表面必须清洁干净。

(2) 当将焊锡加热到一预热的导线和线路板表面时，加到该焊接点的热量必须足够熔化焊锡。

(3) 烙铁头不能过热，选 25 W 左右的电烙铁为宜。

(4) 焊接某点时，时间勿要过长，否则将损坏铜箔；时间也不能过短，造成虚焊。操作速度要适当,焊得牢固。为确保连接的永久性,不能使用酸性的焊药和焊膏,应用松香或松脂焊剂。

(5) 其他要求焊接前,电烙铁的头部必须先上锡,应在刚能熔化焊锡的温度下进行。新的或是用旧的铜制烙铁头必须用小刀、金刚砂布、钢丝刷或细纱纸刮削或打磨干净,凹陷的理当锉平;对于镀金的烙铁头,应该用湿的海绵试擦,含铁的烙铁头则可用钢丝刷清洁,不可锉平或打磨。

不仅烙铁头需要上锡,而且大部分元件引脚也要清洁后上锡(天线线圈等有漆的线头需去漆后再上锡)。如若铜箔进脚孔处因处理不佳难以吃锡,可以用松香和酒精的混合液注滴上,如有必要对其孔周围也可先上点薄锡。

组装要按序进行,先装低放部分,检测、调试后装变频级电路,变频电路起振正常后再依次组装其他各级,组装中若发现变压器、中周等元件不易插入时切勿硬插,应把电路板上所涉及的孔处理后再装。

三、调试(以 741 收音机为例)

1. 调试前的检查

(1) 检查三极管及其管脚是否装错,振荡变压器是否错装中频变压器,各中频变压器是否前后倒装,是否有漏装的元件。

(2) 天线线圈初次级接入电路位置是否正确。

(3) 电路中电解电容正负极性是否有误。

(4) 印刷线路是否有断裂、搭线,各焊点是否确实焊牢,正面元件是否相互碰触。

2. 静态电流 I_C 测试

首先测量电源电流,检查、排除可能出现的严重短路故障,再进行各级静态测量。一方面检验数值是否与你设计的相符,另一方面检查电路板是否存在人为的问题。末级推挽管集电极电流可以在预先断开的检测点串入电流表测出,其他各级 I_C 可以测量各发射极电压算出。

末级 I_C 如果过大,应首先检查三极管管脚是否焊错,输入变压器次级是否开断,偏置电阻是否有误,有否虚焊。在一定大的 I_C 下,快速测量其中点电位,可帮助分析判断,提高排除故障的速度。

其他各级工作点若偏大,着眼点应放在查寻故障上,尤其是不合理的数据。在元件密集处,应着重查找短路或断路。中周变压器绕组与外壳短路故障也偶有发生。难以判断时,可逐次断开各级,缩小故障范围。因偏置不当、β 较小、I_{CEO} 太大所引起的偏差,可视具体情况分析解决,使静态工作点与所设计的基本相符。

3. 低放级测试

参见图 9。末级集电极静态电流 I_C 要小于 6 mA,从电位器滑动头(旋到近一半位置)逐渐输入一定量的正弦电压信号(频率 1 kHz 左右),声响以响而洪亮为佳,可以在音频范围内连续变动旋钮,随着频率改变,若音调变化明显、悦耳动听,本级失真不大;若规定本级失真率不大于 5%时,可逐渐调节音频电压信号,使音频的失真度达到 5%时(可用失真度测量仪)测出该状态下输出电压,即可知不失真功率。若达不到你所要求的功率,可考虑调整图 9 的 VT$_5$ 集电极电流,选一个最佳值,末级 OTL 电路的静态电流可作适当的调整,因为它的大小除了与交越失真有关外,与输出功率、失真度和效率等也有关。可以在不同静态集电极电流下测失真度、效率、输出功率,绘成曲线,根据实际需要选择合理的工作点。工作者通常同时使用示波器观察波形。

4. 变频级调试

要求振荡电压高低端尽可能平均,振荡管子不要工作在饱和区,LC 回路 Q 值要高。工作点确定以后,可根据需要再度进行调整。

首先检查变频管是否起振,由于高频振荡电压在发射结上产生自给偏压作用,所以起振时,三极管 U_{BE} 将小于原来的静态值(如锗 PNP 管约 $0.1 \sim 0.3$ V),U_{BE} 越小,振荡越强,用万用表可方便地判断是否起振。然而,振荡频率(1 MHz $\sim$ 2 MHz)的调节范围及波形的好坏需用示波器测量,或频率计测出频率变化范围。调整 1 MHz 频率时,应把可变电容器旋转到容量最大处,调节振荡线圈磁芯。

若振幅太小了,可考虑 β 是否太小、工作点是否太低、负载是否太大,也要考虑因图 9 中 R_{16} 的压降是否太大等故障,若发现寄生振荡,要检查 β 是否过大及安装、布线、去耦电路等存在的问题。诸如不起振、只有一端起振或间歇振荡等,要细心分析检查,对症下药予以解决。

变频级工作点的最佳确定主要围绕着信噪比 S/N 和变频增益 A 两个因素。令不同的静态电流 I_c,作出 $I_c \sim A$,$I_c \sim S/N$ 的关系曲线,可选择出适宜的工作点(S/N 指在电路某一特定点上的信号功率与噪声功率之比,A、S/N 通常用对数表示)。

5. 中放级电路调试

此级关系到收音机的整机灵敏度、选择性以及自动增益控制特性。

欲要求该级达到理想的功能需确定最佳工作点电流 I_C。第二级中放的 I_C 选在增益饱和点;第一级中放的 I_C 选在功率增益变化比较急剧处,但要顾及功率增益不要过小。作出不同的 I_C 下的功率增益,描绘出曲线,以选择最佳工作点。在从中周初级输入大小适中的中频信号时,应调准中频变压器在 465 kHz 的峰点。

有时也要对检波二极管及检波效率进行测试。中和电容一般需要根据实际调整确定。

6. 统调

(1) 调整中频。调整中频时用高频信号发生器作信号源。收音机的频率指示放在最低端 535 kHz 处,若收音机在该处受电台干扰,应调偏些或使本机振荡停振。从天线输入频率为 465 kHz、调制度为 30% 的调幅信号,喇叭两端接音频毫伏表或示波器测量,或测量整机电流,观察动态电流大小变化(若变化微小不易觉察,可以将电流表串在第一中放集电极电路里。中频调到峰点时,集电极电流是增大还是减小?),或直接用耳朵听声音判断。

操作时应用无感小旋凿嵌入中频变压器的磁帽缓缓旋转(或进或出),寻找输出增加的方向,直至输出为最大的峰点上。

调中周的次序为由后向前,逐一调整,慢慢地向 465 kHz 逼近,一般需要反复多次"由后向前"调整,才能使输出为最大的峰点位置不再改变。

注意:

① 细调中周时,需将整机安装齐备。

② 输入信号要尽量小,音量电位控制器输出不要太大(第一步先行粗调,往往需要信号输入、音量输出尽量大)。

③ 调整某一中频变压器,发现输出无明显变化,或磁帽过深或过浅,应考虑槽路电容过小或过大、磁芯长短不宜、中频变压器线圈短路等,还要考虑人为组装焊接等故障。

④ 无法调整到最佳点,也应首先查找电路故障或低端跟踪粗调一下,再进行中频调整。

⑤ 若各中频变压器调乱,可将 465 kHz 处左右的调幅信号分别按序注入第二中放基极、第一中放基极、变频管基极,慢慢调节各磁帽,向 465 kHz 逼近;或用手捏磁性天线增强感应信号,先调中周一遍。

若电路无故障,接收灵敏度不够理想,但在 465 kHz 处反复调整的各中频变压器磁帽已太深或太浅,可以把本机振荡频率提高一点或降低一点,再按顺序重调三个中频变压器。

(2) 统调外差跟踪。收音机的中波段通常规定在 535～1 605 kHz 的范围内,通过连续调谐的双联可变电容器容量大小的改变,以捕捉某一电台的广播。

超外差收音机中本机振荡频率与中频频率的差值确定了外来信号频率。中放级电路决定着超外差收音机整机灵敏度、选择性以及自动增益控制特性的好坏,但变频级的工作状态、输入回路与接收外来信号频率谐振情况也影响着超外差收音机的灵敏度和选择性。

调跟踪时,中频调谐回路已调好在 465 kHz,无须再动。

外差跟踪统调主要是调整本机振荡调谐回路及输入回路。

双联可变电容器旋在最大或较大的容量位置时称为低端(整个频率范围中 800 kHz 以下),双联可变电容器旋在容量最小或较小的位置时称为高端(1 200 kHz 以上),800～1 200 kHz 称为中间端。

校准时,欲选的统调点对整机的灵敏度的均匀性有很大关系,统调点应选在 600 kHz(低端),1 500 kHz(高端)处以及 1 000 kHz 处。正常情况下,高低端频率刻度指示准确以后,中间也自然跟踪了(偏差不会太大)。

调整电感能明显地改变低端的振荡频率,但对高端也有较大的影响;当振荡槽路电容处在最小容量位置时(高端),改变槽路微调电容能显著地改变高端频率,但对低端也有些影响。

校准刻度盘时,低端应调整本机振荡线圈的磁芯,高端应调整本机振荡微调电容;调整补偿时,低端调输入回路线圈在磁棒上的位置,高端调输入槽路微调电容器。

因此,校准频率时,先“低端”后“高端”,然后自返过来校准,“低端→高端”反复调整几次。

具体操作步骤(用高频信号发生器进行统调):装好刻度盘,收音机远离高频信号发生器,使收音机输入的高频信号尽量减小一些。

① 收音机频率刻度盘校准点选择在低端的 600 kHz 指示接收位置,转动发生器频率调节旋钮,观察收音机的 600 kHz 处接收的频率是多少,以决定磁芯的旋进旋出。例:收音机刻度指示在 600 kHz 位置接收到的是 580 kHz 以下的信号,应当减小振荡的电感量,即旋出磁芯,向 600 kHz 逼近,直至两刻度频率指数在 600 kHz 处,使收音机在该接收处声音最响。反之,旋进磁芯。

② 把收音机刻度盘指示指向 1 500 kHz(高端),高频信号源频率指数旋向 1 500 kHz,当信号源频率指数低于 1 500 kHz 时,应当适当减小振荡微调电容器的容量,调节信号源频率向 1 500 kHz 逼近,直至声音在该处的声音最响。反之,增大振荡微调电容器的容量。注意:此处用的往往是拉线电容,勿要拉线过头。

若发射与接收的信号频率指示相差过大,首先找到它们的对应点,一前一后,向校准点靠近。

低端→高端跟踪调整需要重复几次。

③ 频率刻度初步调整后,需要调整输入回路——补偿。调补偿时,步骤同频率刻度调整

一样。刻度盘指针应指向低端(600 kHz)附近和高端(1 500 kHz)附近。低端移动天线线圈在磁棒上的位置,使声音最响;高端调节天线输入回路微调电容器,使声音最响,重复调整一次。

由于输入回路与振荡回路相互有些影响,补偿调整后,需再调下频率刻度。

最后,再次校核频率刻度和补偿,核对一下中间部分(1 000 kHz)的位置,需要细调的话,可再细调之。

注意:在跟踪调试时,同样要求整机处于完备的安装状态。

在统调过程中,很可能出现以下的问题:

譬如:整个频率范围的频率指数偏高或偏低,高端或低端频率范围不足,补偿不佳,或中间1 000 kHz跟踪点相差太大。这要求首先检查组装质量,检查印刷板是否存在隐蔽错误,然后才能从振荡槽路、补偿槽路的元件质量、参数错误等着手处理,或根据实际情况重新选择某元件参数。

跟踪调试很可能遇到一些干扰,比如:中频干扰、外来信号的谐波干扰、假频干扰、本机振荡的倍频干扰等,是由于高频信号发生器输出强度过大引起的。所以,统调时要求高频信号发生器输出尽可能的小。若遇到某些干扰,不易判别,应求教于老师帮助分析,予以避开。

还可以使用统调仪统调,利用广播电台统调。

7. 试听

如果噪声过大,确认元件、焊接都无问题时,应着重考虑变频级及中频级电路,变频管、中放管的 β 值是否过大? 增益是否过高? 振荡过强? 如过高、过强,可以考虑在中频变压器的初级并联 120 kΩ 的电阻,在振荡线圈次级并联一只二极管或几十千欧电阻。

(1)试听响度。调准电台,试听喇叭声响,在 30 m² 的房间放声响亮,表明达到功率输出要求。

(2)失真度试查。声音应柔和动听,音量小时或大时的发音都很圆润。失真度大的收音机听上去有闷、嘶哑、不自然的感觉。

(3)试听灵敏度。对准电台方向,从最低端到最高端试收多少个电台。以电台多,噪声小为佳,收本省以外较远的或电波较弱的电台声音较响,说明灵敏度高,合格。

(4)试查选择性。调准一个电台,然后微微偏调频率 $\pm 10\%$ kHz 左右,若声音减少许多,表明合乎要求。

诸如检波器的效率、灵敏度、不失真功率、整机谐波失真等多种参数的测量,根据具体要求在指导老师的指导下进行,选择性地进行某项指标的测试,学习测量手段。

报告要求条目

1. 实习项目。

2. 目的。

3. 简述超外差收音机工作原理(附完整的电路图)。

4. 安装过程。

5. 各静态工作点值。

6. 单元调试及统调经过。

7. 所遇故障分析与解决。

8. 体会与建议。

数字电子技术基础实验篇

实验一　门电路

实 验 目 的

验证与非门、与或非门等门电路的逻辑功能。

概　　述

在模拟电路中，主要研究的是信号的放大以及各种形式信号的产生、变换和反馈等。而在数字电路中，重点在于研究各个基本单元的状态（0 或 1）之间的逻辑关系。

由于数字电路的特点，选用了我们熟知的二进制作为使用工具。

作为数字电路部分的第一个实验，安排了"门电路"这一实验。

实 验 器 材

1. 双踪示波器	1 台
2. 数字电路学习机	1 台
3. 万用表	1 只
4. 可调稳压直流电源（备用）	1 台

实 验 内 容

1. 与非门逻辑功能测试

将 A、B、C、D 分别接至学习机逻辑开关的电平输出口，Q 端接发光二极管（见图 1-2），用万用表测量"1"、"0"的电位值。按表 1-1 要求进行实验，观察发光二极管显示（亮为 1，灭为 0）填入表内。

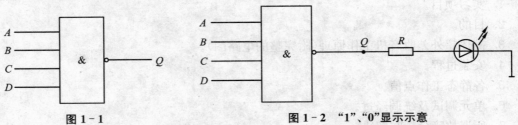

图 1-1　　　　　　　　　　　　图 1-2　"1"、"0"显示示意

表 1-1 与非门真值表

A	B	C	D	Q
1	1	1	1	
0	1	1	1	
0	0	1	1	
0	0	0	1	
0	0	0	0	

2. 与或非逻辑功能测试

与或非是先与,再或,后非。

即 $Q = \overline{IH + JK}$

在学习机上选一个与或非门电路(或由与门、或门、非门电路组成),如图 1-3 所示。按表 1-2 输入状态记录输出状态。

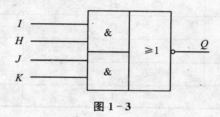

图 1-3

表 1-2

输　入				输　出
I	H	J	K	Q
1	1	1	1	
1	1	1	0	
1	0	1	0	
1	1	0	1	
0	1	1	1	
0	1	0	1	
0	0	0	0	

3. 测试以下两逻辑电路功能

两逻辑电路分别为图 1-4 和图 1-5,分别按图接线,记录表分别为表 1-3 和表 1-4。分析两电路各是什么逻辑功能?

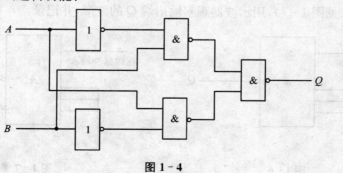

图 1-4

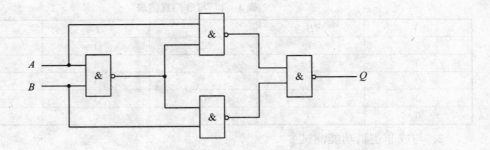

图 1-5

表 1-3

输 入		输 出
A	B	Q
0	0	
0	1	
1	0	
1	1	

表 1-4

输 入		输 出
A	B	Q
0	0	
0	1	
1	0	
1	1	

4. 利用与非门组成其他逻辑门电路

利用三个与非门组成或门电路($Q = A + B = \overline{\overline{A + B}} = \overline{\overline{A} \cdot \overline{B}}$),自拟真值表,完成其实验。

5. 观察与非门对脉冲的控制

在学习机上找一"四输入端与非门",一个输入端输入连续脉冲,其余端分别接+5 V(见图 1-6)或 0 V(见图 1-7),用示波器观察输出端 Q 的波形,并记录。

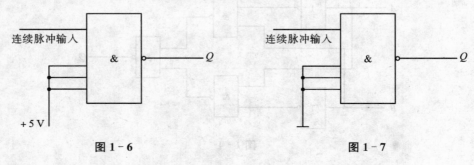

图 1-6   图 1-7

思 考 题

1. 如果一个四输入端"与非门"的一个或几个输入为"低"电平,则输出为＿＿＿＿＿。
2. 只有当全部输入均为＿＿＿＿＿时,"与非"门的输出才是"低"电平。

作 业

解答下列问题

1. 与或非门在什么情况下输出高电平? 什么情况下输出低电平? 与或非门中不用的与门该如何处理?

2. 试用四个与非门构成或非门($Z = \overline{A + B}$)。

3. 图 1-4 和图 1-5 所示电路的逻辑功能是否相同? 试用逻辑代数的公式进行验证。它们为异或门逻辑功能吗?(异或门逻辑表达式 $Z = A \oplus B = \overline{A}B + A\overline{B}$)

若再求反是什么逻辑功能?

4. 说明实验内容 5 中图 1-6、图 1-7 产生输出波形的原因。

实验二　组合逻辑电路

实　验　目　的

1. 掌握组合逻辑电路的功能测试。
2. 通过功能测试,掌握组合逻辑电路的一般分析方法。

实验原理简述

半加器和全加器都是完成一位二进制数相加的组合逻辑电路。半加器只考虑两个一位二进制数相加,不考虑来自低位的进位。全加器不仅将两个同位的加数相加,还和低位来的进位数相加。

实　验　器　材

1. 数字学习机　　　　　　　　　　　　　1台
2. 双踪示波器　　　　　　　　　　　　　1台
3. 可调稳压直流电源(备用)　　　　　　1台

实　验　内　容

1. 半加器功能测试

(1) 按图 2 - 1 接线。

(2) A、B 分别接电平开关,S、C 分别接发光二极管显示。

(3) 按表 2 - 1 要求,观察 S、C 端状态,填入表 2 - 1 中。

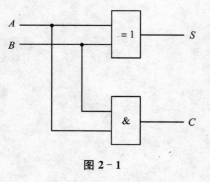

图 2 - 1

表 2 - 1

输　　入		输　　出	
A	B	S	C
0	0		
0	1		
1	0		
1	1		

2. 测试组合逻辑电路

（1）按图 2-2 接线，G、G' 断开，且 G' 接地。

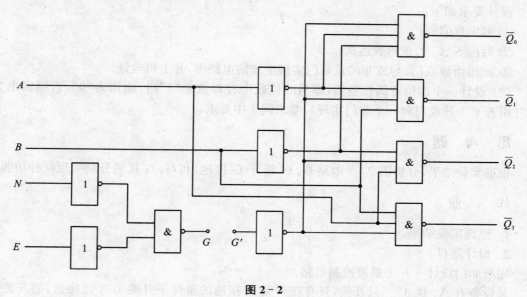

图 2-2

（2）将测试结果填入表 2-2 中。

表 2-2

输　入		输　　出			
A	B	$\overline{Q}_3$	$\overline{Q}_2$	$\overline{Q}_1$	$\overline{Q}_0$
0	0				
0	1				
1	0				
1	1				

（3）在图 2-2 接线中 G、G' 接通，令 $E=0$，从 N 端送连续脉冲，记录各选中通道的波形于表 2-3 中。再令 $E=1$，连续脉冲仍从 N 端送入，观察输出端状态。

表 2-3

输　入		输　　出			
A	B	$\overline{Q}_3$	$\overline{Q}_2$	$\overline{Q}_1$	$\overline{Q}_0$
0	0				
0	1				
1	0				
1	1				

3. 组合逻辑电路设计

(1) 参照半加器电路,自行设计一个全加器。

设计要求如下:

① 列出真值表;

② 写出 S_i、C_i 的逻辑表达式;

③ 画出由异或门、与或非门及非门实现全加的电路图,并上机验证。

(2) 设计一个四位奇偶校验器,即当四位数中有奇数个"1"时,输出为"0",否则输出为"1"(用若干个异或门和一个非门实现),要求同 1 中要求。

思 考 题

根据实验结果,分析图 2 - 2 电路 G、G' 断开(G' 接地)和 G、G' 接通分别实现何种功能?

作 业

1. 整理实验结果。

2. 设计题目。

用与非门设计一开关报警控制电路:

某设备有 A、B、C 三只开关,只有在开关 A 接通的条件下开关 B 才能接通,而开关 C 则只有在 B 接通的条件下才能接通,违反这一操作规则,则发出报警信号。

要求:

(1) 列出真值表;

(2) 写出化简步骤,并写出逻辑表达式;

(3) 画出设计逻辑电路图;

(4) 测试电路功能。

实验三 MSI 组合功能件的应用(一)

实 验 目 的

1. 掌握译码器 MSI 组合功能件的功能与使用方法。
2. 掌握译码器的设计应用。

实验原理简述

大多数中规模集成电路(MSI)是一种具有专门功能的集成功能件。常用的 MSI 组合功能件有译码器、数据选择器和全加器等。许多组合电路都可直接使用中大规模的标准模块来设计。在使用中规模集成电路进行组合逻辑电路设计时,要求所用集成电路的数目最少,品种最少,集成块间的连线最少。

在使用 MSI 组合功能件时,器件的各种控制输入端必须按逻辑要求接入电路,不允许悬空。

实 验 器 材

1. 数字电路学习机   1 台
2. 74LS138 译码器   1 片
3. 可调稳压直流电源(备用)   1 台

实 验 内 容

1. 3 线-8 线译码器逻辑功能测试

译码器的逻辑功能就是将每个输入的具有特定含义的二进制代码转换成有效电平信号从相应的输出端输出。

我们这里只做二进制译码器的实验。这些译码器的特点是一组二进制代码,只有一个输出与之对应进入低电平,其他输出全为高电平。

所选用的 74LS138 译码器,具有三个输入地址端 A_0、A_1、A_2,三个赋能端 S_A、$\overline{S_B}$、$\overline{S_C}$,以及八个译码输出端。在输入三位二进制代码时,输出端得到唯一地址低电平。74LS138 外部引脚图如图 3-1 所示。

$\overline{Y_0} \sim \overline{Y_7}$ 逻辑式为:$\overline{Y_0} = \overline{\overline{A_2}\,\overline{A_1}\,\overline{A_0}}$,$\overline{Y_1} = \overline{\overline{A_2}\,\overline{A_1}A_0}$,$\overline{Y_2} = \overline{\overline{A_2}A_1\overline{A_0}}$,$\overline{Y_3} = \overline{\overline{A_2}A_1A_0}$,$\overline{Y_4} = \overline{A_2\overline{A_1}\,\overline{A_0}}$,$\overline{Y_5} = \overline{A_2\overline{A_1}A_0}$,$\overline{Y_6} = \overline{A_2A_1\overline{A_0}}$,$\overline{Y_7} = \overline{A_2A_1A_0}$。

根据图 3-1 所示外引脚功能联接电路,完成表 3-1 记录要求(A_0、A_1、A_2 输入信号组合自拟)。记录输出状态。

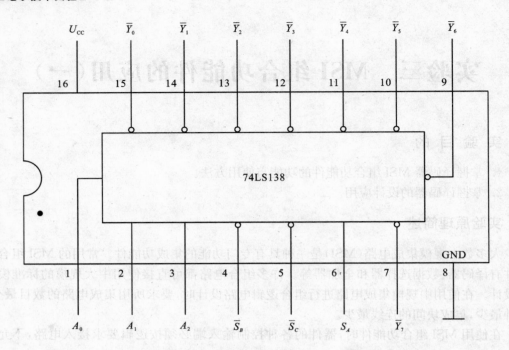

图 3-1 74LS138 3 线-8 线译码器

表 3-1

输　入			输　出							
S_A	$\overline{S}_B + \overline{S}_C$	$A_2 A_1 A_0$	$\overline{Y}_0$	$\overline{Y}_1$	$\overline{Y}_2$	$\overline{Y}_3$	$\overline{Y}_4$	$\overline{Y}_5$	$\overline{Y}_6$	$\overline{Y}_7$
1	0									
1	0									
1	0									
1	0									
1	0									
1	0									
1	0									
1	0									
0	X									
X	1									

2. 用译码器进行组合逻辑电路设计

利用输入变量的最小项,将其中某些选中的最小项"或"起来,进而可方便地实现给定的逻辑函数,这就是用译码器实现组合逻辑的思路所在。

　　[例]　试用 3 线-8 线译码器 74LS138 设计 1 位全减器。

　　解　设 1 位全减器的被减数为 A_i,减数为 B_i,低位来的借位数为 C_{i-1},本位差为 D_i,向高 1 位的借位为 C_i,则可作 1 位全减器的真值表如表 3-2。

表 3 - 2

A_i	B_i	C_{i-1}	D_i	C_i
0	0	0	0	0
0	0	1	1	1
0	1	0	1	1
0	1	1	0	1
1	0	0	1	0
1	0	1	0	1
1	1	0	0	0
1	1	1	1	1

（1）写出逻辑函数表达式

$$D_i = \overline{A_i}\overline{B_i}C_{i-1} + \overline{A_i}B_i\overline{C_{i-1}} + A_i\overline{B_i}\overline{C_{i-1}} + A_iB_iC_{i-1} = Y_1 + Y_2 + Y_4 + Y_7 = \overline{\overline{Y_1}\overline{Y_2}\overline{Y_4}\overline{Y_7}}$$

$$C_i = \overline{A_i}\overline{B_i}C_{i-1} + \overline{A_i}B_i\overline{C_{i-1}} + \overline{A_i}B_iC_i + A_iB_iC_{i-1} = Y_1 + Y_2 + Y_3 + Y_7 = \overline{\overline{Y_1}\overline{Y_2}\overline{Y_3}\overline{Y_7}}$$

（2）画出逻辑电路图

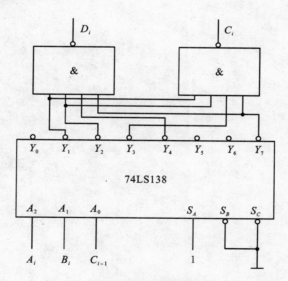

图 3 - 2　逻辑符号

设计 1　试用 74LS138 设计 1 位全加器。

要求如下：

（1）列出真值表；

（2）写出逻辑函数表达式；

（3）画出设计电路图；

（4）上机验证。

设计 2　试用 74LS138 和门电路实现多输出逻辑函数。

$$Y_1 = AC$$
$$Y_2 = \overline{A}\,\overline{B}C + A\overline{B}\,\overline{C} + BC$$
$$Y_3 = \overline{B}\,\overline{C} + AB\overline{C}$$

作　业

1. 整理实验数据，交上设计 1、设计 2 的设计过程、逻辑图及验证结果。

2. 试用两片 3 线-8 线译码器 74LS138 组成 4 线-16 线译码器。写出设计过程，画出逻辑电路图。

实验四　MSI 组合功能件的应用(二)

实 验 目 的

1. 掌握数据选择器的使用方法。
2. 用 74LS153 设计电路。

实验原理简述

数据选择器具有从多个数据输入中选择其中需要的一个作为输出的功能。当选择了一个则其余的数据被排除。若地址输入端(选择控制端)为 n 个,可选输入通道数为 2^n 个。例如对 4 个数据源进行选择,则需 $n = 2$,即需 $2^n = 4$ 个地址信号且任何时候只可能有一个,使对应的那一路数据通过,送达输出 Y 端。(称为四选一数据选择器),Y 的表达式为:

$$Y = ST[D_0(\overline{A_1}\,\overline{A_0}) + D_1(\overline{A_1}A_0) + D_2(A_1\overline{A_0}) + D_3(A_1A_0)]$$

[参考图 4-1,当选通端 $\overline{ST} = 0$ 时,数据通道解锁]

实 验 器 材

1. 数字学习机	1 台
2. 74LS153	1 片
3. 可调稳压直流电源(备用)	1 台

实 验 内 容

1. 四选一数据选择器逻辑功能测试

74LS153 是双四选一数据选择器。一片 74LS153 上有两个独立的四选一数据选择器。A_1、A_0 为地址输入端,$D_0 \sim D_4$ 为数据输入端,Y 为输出端,$\overline{ST}$ 是选通端,低电平有效。

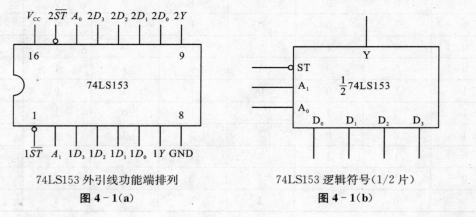

74LS153 外引线功能端排列

图 4-1(a)

74LS153 逻辑符号(1/2 片)

图 4-1(b)

(1) 根据图 4-1(a)引脚功能实现表 4-1 要求的电路联接(只用 1/2 片)。

(2) 按表 4-1 的输入,记录输出状态。

表 4-1

输　入				输　出
选通端	地址		数据输入	
$\overline{ST}$	A_1　A_0		$D_0\,D_1\,D_2\,D_3$	Y
0	0　0		0000	
0	0　0		1000	
0	0　1		0000	
0	0　1		0100	
0	1　0		0000	
0	1　0		0010	
0	1　1		0000	
0	1　1		0001	
1	×　×		××××	

2. 74LS153 进行组合逻辑电路设计

从 74LS153 数据选择器输出 Y 的表达式可以看出,A_1、A_0 构成最小项,$D_i(D_0 \sim D_3)$ 是对应的系数。在 $\overline{ST}=0$ 时,当 $D_i=1$ 时其对应的最小项在与或表达式中出现。若实现某逻辑函数,将该函数变换成与-或表达式,对比数据选择器的 Y 表达式,容易画出由数据选择器实现的逻辑函数电路图,进而连接电路实现之。

〔例〕 用 74LS153 设计一个表示血型遗传规律的电路。父母和子女之间的血型遗传规律如表 4-2 所示。

表 4-2

父母血型				子女血型			
O	A	B	AB	O	A	B	AB
1	0	0	0	1	0	0	0
0	1	0	0	1	1	0	0
0	0	1	0	1	0	1	0
0	0	0	1	0	1	1	1
1	1	0	0	1	1	0	0
1	0	1	0	1	0	1	0
1	0	0	1	0	1	1	0
0	1	1	0	1	1	1	1
0	1	0	1	0	1	1	1
0	0	1	1	0	1	1	1

解 选子女血型为"AB"型,并令"AB"为 E。

(1)写出逻辑表达式,由规律表可得:

$$Y_E = \overline{O}\,\overline{A}\,\overline{B}\,E + \overline{O}AB\overline{E} + \overline{O}A\overline{B}E + \overline{O}\,\overline{A}\,B\,E$$

(2)化简逻辑表达式:

$$Y_E = \overline{O}\,\overline{A}\,E + \overline{O}A(B \oplus E)$$

(3)与 74LS153 的逻辑表达式相比较,得:

$$A_1 = \text{"O"}, \quad A_0 = A$$
$$D_0 = E \quad D_1 = B \oplus E \quad D_2 = D_3 = 0$$

(4)逻辑图如图 4-2 所示。

设计 1 根据表 4-2,设计一个表示血型遗传规律的电路图,要求用一片 74LS153 和若干门电路设计。

要求:(1)列出真值表;

(2)写出逻辑表达式并化简;

(3)画出逻辑图;

(4)上机验证结果。

设计 2 试分别用一片 74LS153,74LS138 产生逻辑函数:$F = A\overline{B}\,\overline{C} + \overline{A}\,C + BC$,要求同设计 1。

思 考 题

如何用 74LS153 实现八选一选择器功能。

作 业

1. 整理数据,交上设计 1、设计 2 的设计过程。

2. 用 74LS153 设计全加器。

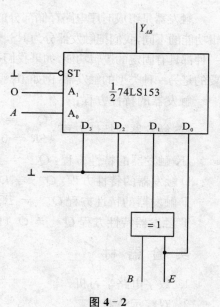

图 4-2

实验五　触发器

实　验　目　的

掌握基本 RS，JK，D 及 T 触发器的逻辑功能，了解各触发器之间的相互转换方法。

简　　述

触发器是组成时序电路存储部分的基本单元，是各时序逻辑电路的基本器件之一。按照逻辑功能的不同，我们把触发器分为 RS，D，T，JK 四种类型。在集成单元触发器的产品中，一般每一种都具有固定的逻辑功能，如果我们手中只有一种类型的触发器，例如，D 型触发器，而系统需要的是另一种类型的触发器（例如 JK 型或 RS 型），我们可以根据它们的特性方程转换之。

触发器的特性方程：

RS 触发器的特性方程 $\begin{cases} Q^{n+1} = S + \overline{R}Q^n \\ SR = 0(约束条件) \end{cases}$ (1)

JK 触发器的特性方程：$Q^{n+1} = J\,\overline{Q^n} + \overline{K}Q^n$ (2)

D 触发器的特性方程：$Q^{n+1} = D$ (3)

T 触发器的特性方程 $Q^{n+1} = T\overline{Q^n} + \overline{T}Q^n$ (4)

T′ 触发器特性方程 $Q^{n+1} = \overline{Q^n}$（即上式(4)T 恒为 1 的情况） (5)

实　验　器　材

1. 数字电路学习机　　　　　　　　　　1 台
2. 双踪示波器　　　　　　　　　　　　1 台
3. 万用表　　　　　　　　　　　　　　1 只
4. 可调直流稳压电源（备用）　　　　　1 台

实　验　内　容

1. 基本 RS 触发器逻辑功能测试

选用与非门按图 5-1 所示，接成基本 RS 触发器。

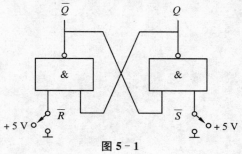

图 5-1

（1）利用输入电平的改变实现置 1 和置 0。

（2）借助指示灯和万用表判断 Q 及 $\overline{Q}$ 的电平，记录于表 5-1 中。

表 5-1

$\overline{R}$	$\overline{S}$	$\overline{Q}$	Q	触发器状态

2. 集成 JK 触发器逻辑功能的测试

（1）异步置位和复位功能的测试

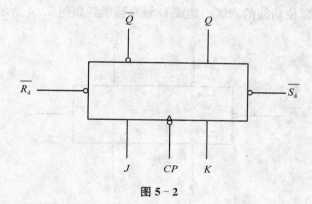

图 5-2

将图 5-2 所示 JK 触发器的 J、K、CP 处于任意状态（后边表中"×"表示任意状态），按表 5-2 各自变量情况，用指针万用表测 Q 端逻辑状态。

表 5-2

CP	J	K	$\overline{R}_d$	$\overline{S}_d$	Q 端逻辑状态
×	×	×	0	1	
×	×	×	1	0	

（2）逻辑功能测试

A：从 CP 端输入单脉冲，当触发器被置 1、置 0 时，用指示灯或万用表测出触发器的各状态（见表 5-3），记录之。

表 5-3

CP		0	↑	↓	0	↑	↓	0	↑	↓	0	↑	↓
J		0	0	0	0	0	0	1	1	1	1	1	1
K		0	0	0	1	1	1	0	0	0	1	1	1
Q	1												
	0												

注：↑，↓分别表示 CP 的阶跃上升下降

B:将 JK 触发器接成计数器状态（K＝J＝1）然后从 CP 端输入连续脉冲,用示波器观察 Q 和 $\overline{Q}$ 的波形,并画于图 5－3 中。

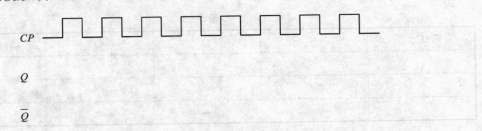

图 5－3

3. 集成 D 触发器逻辑功能的测试

（1）异步置位和复位功能的测试。集成 D 触发器示意如图 5－4 所示。

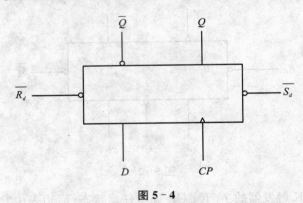

图 5－4

图 5－4 中,$\overline{R}_d$ 为异步置 0 端;$\overline{S}_d$ 为异步置 1 端,给触发器置 1 或置 0 时,利用 $\overline{R}_d$、$\overline{S}_d$ 则不论 CP 是什么状态,都能把触发器置 1 或置 0。$\overline{R}_d$、$\overline{S}_d$ 平时都处于高电平。$\overline{R}_d$、$\overline{S}_d$ 功能测试结果记入表 5－4 中。

表 5－4

D	$\overline{R}_d$	$\overline{S}_d$	CP	Q（逻辑状态）
×	0	1	⊓	
×	1	0	⊓	
×	0	1	×	
×	1	0	×	
×	0	1	×	
×	1	0	×	

（2）逻辑功能测试。

A:令 $\overline{R}_d＝\overline{S}_d＝1$

B:从 CP 输入点动正脉冲,观察 CP 脉冲作用前后,触发器 Q 端状态和 D 端输入信号之间的关系。实验观察结果填入表 5－5 中。

表 5 - 5

D	0					1				
CP	0	↑	↓	0	↑	0	↑	↓	0	↑
Q^{n+1} 状态										
初始状态	$Q^n = 1$					$Q^n = 0$				

4. 触发器的转换

我们这里只做触发器 D 型到 T′ 型的转换。

D 触发器的特性方程：$Q^{n+1} = D$

T′ 触发器的特性方程：$Q^{n+1} = \overline{Q^n}$

令 $D = \overline{Q^n}$，亦即把触发器 $\overline{Q}$ 端接回到 D 端，就可以得到 T′ 触发器。见图 5 - 5。

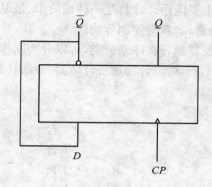

图 5 - 5

在 CP 端输入连续正脉冲，用示波器观察 Q 及 $\overline{Q}$ 端的波形并画于图 5 - 6 中。

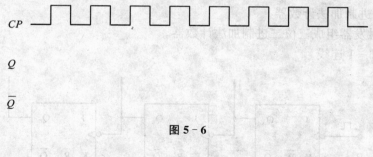

图 5 - 6

思 考 题

1. 与非门构成的基本 RS 触发器的约束条件为 _____ 。
2. 从 RS 触发器转换 JK、D、T、T′ 触发器时，要不要考虑 R 与 S 之间的约束条件？

作 业

1. 记录各触发器的逻辑功能及观察的波形。
2. 叙述集成 JK 型触发器转换成 D 触发器的转换方法，画出转换成的电路图。

实验六　计数器

实 验 目 的

掌握异步二进制加法计数器、减法计数器及 8421BCD 码计数器的工作原理,熟悉其工作波形,学习其逻辑功能的测试方法。

实验原理简述

计数器是触发器的一种重要应用。计数是一种最简单、最基本的运算,各种数字设备几乎都要用到计数器,以实现测量、运算与控制等功能。

如果我们在计数中按触发器翻转次序来分类,可以分为同步计数器和异步计数器;按计数过程中数字的增减趋势的不同,可以分为加法计数器、减法计数器和加减计数器。

实 验 器 材

1. 数字电路学习机　　　　　　　　　　　1 台
2. 双踪示波器　　　　　　　　　　　　　1 台
3. 万用表　　　　　　　　　　　　　　　1 只
4. 可调直流稳压器(备用)　　　　　　　　1 台

实 验 内 容

1. 异步二进制加法计数器

选用 JK 触发器组成三位二进制加法计数器。

(1) 按图 6-1 连线。

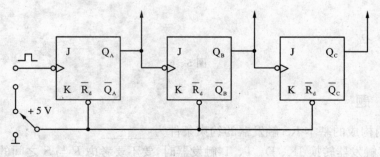

图 6-1

(2) 将各触发器的输出端 Q_A、Q_B、Q_C,分别接面板发光二极管显示电路插孔。

(3) A:清零,即清零端接地。

B:再把清零端接+5 V(要求清零端平时处于高电平)。

(4) 在计数脉冲输入端加单脉冲,借助指示灯或万用表测量计数器的逻辑状态,填入

表 6 - 1 中。

表 6 - 1

输入脉冲序号	计 数 器 状 态			等效十进制数
	Q_C	Q_B	Q_A	
0				
1				
2				
3				
4				
5				
6				
7				
8				

（5）在计数脉冲端加连续脉冲，用示波器观察各触发器 Q 端输出波形，并对应地记录于图 6 - 2 中。

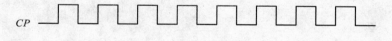

CP

Q_A

Q_B

Q_C

图 6 - 2

2. 异步二进制减法计数器

（1）按图 6 - 3 连线。

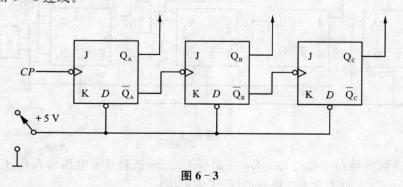

图 6 - 3

（2）步骤同加法计数器。

其记录表为 6-2,波形记录于图 6-4 中。

表 6-2

输入脉冲序号	计数器状态			等效十进制数
	Q_C	Q_B	Q_A	
0				
1				
2				
3				
4				
5				
6				
7				
8				

CP

Q_A

Q_B

Q_C

图 6-4

3. 异步二-十进制加法计数器。

(1) 按图 6-5 连线。

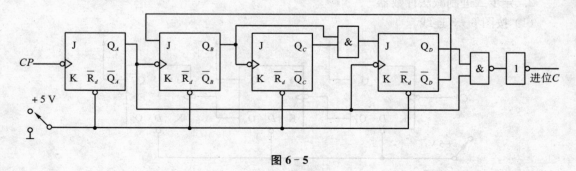

图 6-5

(2) 将各触发器 Q_A、Q_B、Q_C、Q_D 接面板上二-十进制显示电压插入孔,C 接发光二极管显示电路插孔(本身带发光二极管的话,无需再接)。

(3) 清零,方法要求同前。

（4）计数输入为单脉冲，观察数码管显示情况，完成表 6 - 3 内容。

表 6 - 3

输入脉冲序号	计数器状态				等效十进制数	进位 C 输出状态
	Q_D	Q_C	Q_B	Q_A		
0						
1						
2						
3						
4						
5						
6						
7						
8						
9						
10						

（5）在计数脉冲输入端加连续脉冲，用示波器观察各触发器输出波形及进位输出波形，记录于图 6 - 6 中。

图 6 - 6

4. 集成计数器 74LS160 使用练习

（1）查管脚排列及各脚的功能。

（2）将 74LS160 插入学习机上的 16 引脚插座，并连线，检查无误后通电，按其功能表进行验证。

作　业

实验内容 1 如果用 D 触发器来实现，请画出其电路图及各触发器输出波形。

实验七 移位寄存器

实 验 目 的

1. 了解移位寄存器的功能。
2. 熟悉中规模移位寄存器的使用。

实验原理简述

在数字装置中,寄存器是存放数码的逻辑部件。有时为了处理数据的需要,要有移位功能的寄存器,即移位寄存器。所谓移位,就是指寄存器的数码可以在移位脉冲的控制下依次进行移位(左移或右移)。通常用 JK 触发器或 D 触发器来组成移位寄存器。

实 验 器 材

1. 数字学习机   1 台
2. 可调直流稳压电源(备用)   1 台

实 验 内 容

1. 右移寄存器

选 D 触发器,按图 7-1 连线。第一个触发器的 D 端为接收数码(串行输入)端。

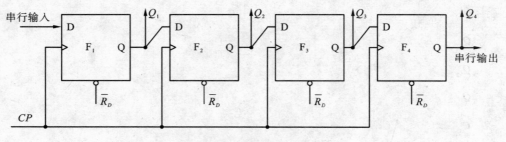

图 7-1 右移寄存器

(1) 清零(用 $\overline{R}_D$ 端置) $Q_1 = Q_2 = Q_3 = Q_4 = 0$ (Q 端已接发光二极管)。

(2) 令输入数码为 1011,依次从左至右顺序置入输入端,置一个数码来一个 CP 脉冲。

四个 CP 脉冲以后,1011 这四位数码恰好全部输入寄存器中,这时可以从四个触发器的 Q 端得到并行的数码输出(如果再经过四个移位脉冲,则所存的"1011"逐位从 Q_4 端输出)。

表 7-1 数码移动情况表

移位脉冲数	寄存器的数码				移位过程
	Q_1	Q_2	Q_3	Q_4	
0					
1					
2					
3					
4					

2. 集成 74LS194 四位双向移位寄存器

74LS194 是一种功能比较齐全的四位双向移位寄存器。它是由四个 RS 触发器和它们的输入控制电路组成。图 7-2 是 74LS194 的外引线排列示意图。

$\overline{CR}$为异步清零端,S_1、S_0 为工作方式控制端,D_{SR}为数据右移输入端,D_{SL} 为数据左移输入端,$D_0 \sim D_3$ 为数据并行输入端,$Q_0 \sim Q_3$ 为并行输出端,CP 为时钟端。当 $S_0 = S_1 = 1$ 时,寄存器工作方式为并行送数;$S_0 = S_1 = 0$ 时,为保持状态。当 $S_1 = 1$,$S_0 = 0$ 时,执行左移操作;$S_1 = 0$,$S_0 = 1$ 时,执行右移操作。

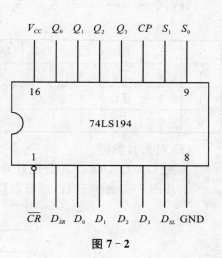

图 7-2

(1) 清零及右移工作模式测试。

A:熟悉 74LS194 外引线排列及各功能(电源:+5V)。

B:令 $S_1 = 0$,$S_0 = 1$($D_0 \sim D_3$ 处于任意状态)。

C:将 1011 从左至右依次送入 D_{SR},置一个数码,给一个 CP 脉冲,观察移位情况。

表 7-2

$CP(\sqcap)$	输 入			输 出				功能
	$\overline{CR}$	D_{SL}	D_{SR}	Q_0	Q_1	Q_2	Q_3	
×	0	×	×					
1	1	×	1					
2	1	×	0					
3	1	×	1					
4	1	×	1					

(2) 左移工作模式测试。

A:令 $S_1 = 1$,$S_0 = 0$。

B:清零。

C:送 1011,送数操作要求同上。

表 7 - 3

CP (⊓)	输 入			输 出				功能
	$\overline{CR}$	D_{SL}	D_{SR}	Q_0	Q_1	Q_2	Q_3	
0	0	×	×					
1	1	1	×					
2	1	0	×					
3	1	1	×					
4	1	1	×					

（3）并行输入及保持功能测试。

分别令 $S_1 = S_0 = 1$，$S_1 = S_0 = 0$。将测量记录填入表 7 - 4。

表 7 - 4

S_1	S_0	CP	$\overline{CR}$	D_{SR}	D_{SL}	D_0	D_1	D_2	D_3	Q_0	Q_1	Q_2	Q_3
1	1	⊓	1	×	×	1	0	1	1				
1	1	⊓	1	×	×	1	1	0	0				
0	0	⊓	1	×	×	1	1	0	1				

（4）环形计数器。

A：把 Q_0、Q_1、Q_2、Q_3 分别置为 1、0、0、0。

B：按图 7 - 3 示意连线，进行右移操作，观察输出状态，填入表 7 - 5 中，总结移动情况。

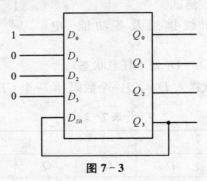

图 7 - 3

C：使 Q_0、Q_1、Q_2、Q_3 状态分别为 1100，1101。记录各输出状态情况，分析能否进行有效循环。

表 7 - 5

CP	Q_0	Q_1	Q_2	Q_3
1				
2				
3				
4				
…				

（5）能自启动环形计数器：

按图 7 - 4 连线，令 Q_0、Q_1、Q_2、Q_3 为 1100，总结移动情况，记录表自拟。

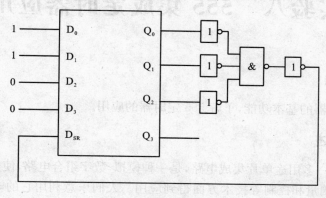

图 7 - 4

作　业

1. 根据实验结果，找出规律，自行列出一张完整的 74LS194 功能表。
2. 整理实验数据。

实验八　555 集成定时器应用

实 验 目 的

熟悉 555 定时器的基本功能,了解 555 定时器的应用。

实验原理简述

555 定时器是一多用途单片集成电路,是一种模拟-数字组合电路,使用灵活、方便,在波形的产生和变换、测量和控制等技术方面得到应用。人们乐意利用它的电路结构特点不断地去设计实用功能电路。

555 定时器由比较器、基本 RS 触发器以及集电极开路输出的泄放三极管三部分组成。其工作原理参见理论教材。

555 引脚排列如图 8-1。

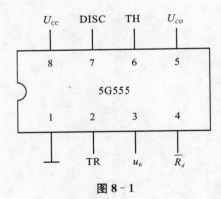

图 8-1

实 验 器 材

1. 双踪示波器 　　　　　　　　　　　　　1 台
2. 数字学习机 　　　　　　　　　　　　　1 台
3. 可调直流稳压电源(备用) 　　　　　　　1 台

实 验 内 容

1. 直接反馈式

$$t_1 = 0.693R_fC \quad t_2 = 0.693R_fC$$

$$f = \frac{1}{T} = \frac{1}{t_1 + t_2} = 0.722/R_fC$$

记录波形,$f = ($　　　$)$Hz

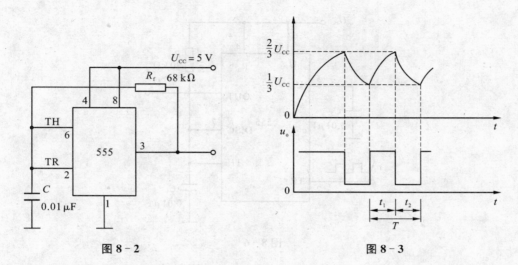

图 8-2   图 8-3

2. 间接反馈式

$$t_1 = 0.693(R_A + R_B) \cdot C, \quad t_2 = 0.693R_B \cdot C$$

$$f = \frac{1}{T} = \frac{1}{t_1 + t_2} = 1.443/(R_A + 2R_B) \cdot C$$

记录波形，$f=($　　　$)\mathrm{H}_z$

令 $R_A = 3.6\ \mathrm{k}\Omega$，记录波形，$f=($　　　$)\mathrm{H}_z$

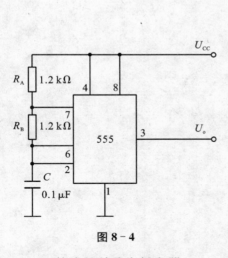

图 8-4

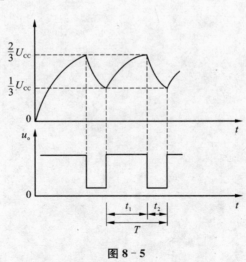

图 8-5

3. 555 构成的单稳态触发器

(1) 按图 8-6 接线。图中 $R = 30\ \mathrm{k}\Omega$，$C_1 = 0.01\ \mu\mathrm{F}$

u_i：$f = 6\ \mathrm{kHz}$ 的方波。用双踪示波器观察 u_o，u_i 波形，并测出输出脉冲的宽度 T_W。

$$T_W \approx 1.1RC_1 \quad \left[\frac{2}{3}U_{CC} = U_{CC}\ (1 - \mathrm{e}^{\frac{-t}{\tau}})\right]$$

(2) 调节 u_i 的频率，观察并记录波形变化。

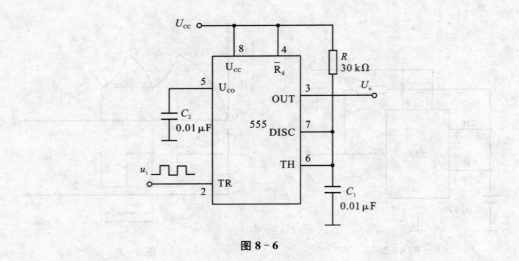

图 8 - 6

作 业

1. 整理实验数据。

2. 标明多谐振荡器波形的周期，占空比 $\dfrac{t_1}{t_1+t_2}$ 及波形幅度。

3. 将单稳态电路的测量值与估算值相比较。

实验九　程控放大器

实　验　目　的

利用 D/A 转换概念搭接可变增益的放大器,进一步了解数-模转换器的基本原理。

概　　述

在电子技术中,模拟量和数字量的互相转换很重要,被控制的模拟量要用计算机进行运算和处理,必须把模拟量转化为数字量;最终对被控制的模拟量进行控制又须将处理得到的数字量转化为模拟量。本次实验只安排了利用 D/A 转换的原理实现放大器的增益受数字量控制的实验,以求对 D/A 转换的深入了解。

实验中,不去用 D/A 转换器件,而用元件搭接等效电路实现,这对首次接触者颇有益。在以后需直接使用某一 D/A 转换器件实施电路时,概念会更清晰,运用起来会较为灵活些。

所用实验等效电路如图 9-1 所示:

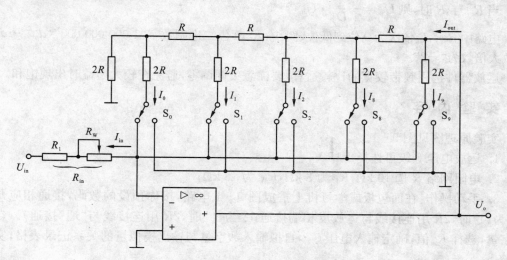

图 9-1　D/A 转换等效电路

图 9-1 中,$S_9 \sim S_0$ 电子模拟开关分别受二进制各位数码 $d_9 \sim d_0$ 控制,实验中也可用手动开关直接操作测验其功能。当二进制数码为"1"时,被控开关与运放(运算放大器)反相输入端连接;当二进制数码为"0"时,被控开关与地连接。反馈网络由 $R \sim 2R$ 网络组成,所以从电阻网络每个节点向左看过去的二端等效电阻均为 R,各支路的电流是不变的。

各支路电流分别为:

$$I_9 = \frac{1}{2} I_{out} = \frac{U_o}{R} \cdot \frac{1}{2^1}$$

$$I_8 = \frac{1}{4} I_{\text{out}} = \frac{U_o}{R} \cdot \frac{1}{2^2}$$

$$\cdots\cdots$$

数码为"1"时,被控开关与运放反相输入端连接,流经 R_{in} 的各支路电流赋系数 d_i,即:

$$I_{\text{in}} = I_9 \cdot d_9 + I_8 \cdot d_8 + \cdots + I_0 \cdot d_0$$

根据分流公式,I_{out} 经 $R \sim 2R$ 电阻网流经 R_{in} 的电流 I_{in} 表示为:

$$I_{\text{in}} = \frac{I_{\text{out}}}{2^n} \cdot (d_{n-1} \cdot 2^{n-1} + d_{n-2} \cdot 2^{n-2} + \cdots + d_0 2^0)$$

而 $U_o = I_{\text{out}} \cdot R$,$U_{\text{in}} = -I_{\text{in}} \cdot R_{\text{in}}$

$$\frac{U_o}{U_{\text{in}}} = -\frac{I_{\text{out}} R}{I_{\text{in}} R_{\text{in}}} = -\frac{I_{\text{out}} \cdot R \cdot 2^n}{I_{\text{out}} \cdot R_{\text{in}} \cdot (d_{n-1} \cdot 2^{n-1} + d_{n-2} \cdot 2^{n-2} + \cdots + d_o 2^0)}$$

令 $D_I = d_{n-1} \cdot 2^{n-1} + d_{n-2} \cdot 2^{n-2} + \cdots + d_0 2^0$

所以 $U_o = -\dfrac{R}{R_{\text{in}}} \cdot \dfrac{1}{D_I} \cdot U_{\text{in}} \cdot 2^n$

当 $R_{\text{in}} = R$ 时,则 $U_o = -\dfrac{2^n}{D_I} \cdot U_{\text{in}}$

电路中 $d_i \sim d_0$ 依次为高位到低位,例:输入 10 位二进制数字"1 000 000 000"($d_{n-1} \cdots d_0$),则放大倍数为"-2"。

运放器件选用频带较宽的比较适宜,要注意失调调零,避免在较大增益时出现饱和。

实 验 内 容

实验原理图见图 9-1。

1. 运放电压等级可选择 ± 15 V;

2. 电阻网络 R 选 10 kΩ,R_1 为 3 kΩ,R_W 为 18 kΩ;

3. 手动操作:在面包板或学习机上搭成图 9-1 电路,按你预设的数码,接通相应开关(令为"1"时,$2R$ 用连接线与运放反相端接通;令为"0"时,$2R$ 用连接线与"地"接通)。自定数字量,选择 R_{in} 值,确定输入电压 U_{in},自拟输入数字量与输出模拟量的关系记录表格,实施实验。

4. 把图 9-1D/A 转换等效电路中的开关设计为电子开关[提示:其数码控制开关(单刀双掷)电路,当数码为"1"时,被控开关电路 A 路饱和导通,B 路同时断路,$2R$ 与运放反相输入端接通;当数码为"0"时,被控开关电路 B 路由截止变为饱和导通,A 路同时断路,使 $2R$ 与运放的"地"接通。或直接查手册选用 CMOS 开关]。选择 R_{in}、U_{in} 的值,实施你的电路设计,不过设计要在进实验室之前完成。

实 验 器 材

1. 双路可调直流稳压电源(0~30 V)　　　　　1 台
2. 函数信号发生器　　　　　　　　　　　　　1 台

3. 毫伏表　　　　　　　　　　　　　1 台
4. 面包板或其他电路安装板　　　　　1 块
5. 运算放大器、电位器　　　　　　　各 1 只
6. 10、20 kΩ 电阻,连线　　　　　　　若干

思 考 题

提高 D/A 转换器的精度,对开关电路有何要求。

作 业

1. 总结电路搭接过程。
2. 提交所设计的电子开关原理图。
3. 实验数据与理论值相比较。

实验十　数字电路设计(一)

——智力竞赛抢答器

设 计 目 的

掌握抢答器的工作原理及设计方法。

设 计 任 务

题目:设计一个四人智力竞赛抢答器。

1. 给主持人设置一个控制开关,用来控制系统清零。

2. 具有抢答键控功能。当有某一参赛者首先按下抢答开关时,相应指示灯亮并伴有声音。此时抢答器不再接收其他输入信号。

3. 电路具有回答问题时间控制功能。限制回答问题时间自定。时间显示倒计时方式。当达到限定时间时发出声响以示警告。

提 示 与 要 求

1. 抢答电路的触发器可选用 74LS74,74LS112 或 RS 触发器等(或按老师指定的)。

2. 电源电压为+5 V。

3. 注意抢答开关的接法及要求开关提供的脉冲(是正脉冲还是负脉冲)。

4. 本设计在数字电路学习机上完成。

预 习 要 求

1. 触发器逻辑功能和特点。

2. 门电路逻辑功能和特点。

作 　 业

1. 画出完整的电路图,并阐述各部分的工作原理。

2. 在设计中遇到什么问题,是怎样解决的。

实验十一 数字电路设计(二)

——节日彩灯流水显示电路

设计目的与要求

掌握组合电路、时序电路、显示电路的综合运用。

设 计 任 务

设计节日彩灯流水显示电路。要求开机后八盏灯依次右移熄灭,时间间隔为 0.5 秒并循环工作。

给定条件及元器件

1. 电路主要选用 74LS112、74LS138、555 等 74LS 系列集成电路。
2. 电源电压为 +5 V。
3. 本设计在数字学习机上完成。彩灯用机上发光二极管代替。

作 业

1. 画出完整的电路图,并阐述各部分的工作原理。
2. 写出各部分的调试方法。
3. 在设计中遇到什么问题,如何解决的。

实验十二　数字电路简单制作与运用

——无源型停电报警器

目　的

熟悉数字电子电路的实际应用。

简　述

停电报警器如图 12-1 所示,该报警器不需要备用电池,当停电时,它就会发出急促的报警声(声长自定)。

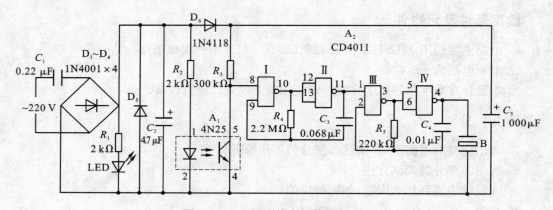

图 12-1　无源型停电报警器电路图

电路元器件选择(参考)

A1 可采用 4N25 型光电耦合器,A_2 用 CD4011 集成电路。$D_1 \sim D_4$ 可用 1N4004,D_5 用 15 V$\left(\frac{1}{2}$ W$\right)$稳压二极管。D_6 用 1N4148。电容 C_1 用 CBB-400 V 型聚苯电容,C_3,C_4 用瓷介电容,B 采用 FT-27、HT27A-1 型压电陶瓷片。根据自己设计的电路在计算机上用"EWB"仿真软件模拟成功后,自制一块合适尺寸的印制电路板。在电路板上安装、调试,完成停电报警器实验室产品。

作　业

1. 阐述各部分的工作原理。
2. 写出调试经过。
3. 设计过程中遇到什么问题,如何解决的。

附　录

附录一　电子电路的仿真

下面介绍的计算机软件为加拿大 Interactive Image Technologies 公司推出的专门用于电子电路仿真的虚拟"电子工作台"(Electronics Workbench - EWB)。EWB 与其他电路仿真软件相比,具有界面直观、操作方便等优点,它改变了有些电路仿真软件输入电路采用文本方式的不便之处,创建电路、选用元器件和测试仪器均可以直接从屏幕图形中选取,而且测试仪器的图形与实物外型基本相似。它可仿真模拟电路、数字电路和混合电路,提供了非常丰富的电路分析功能。其工作台所提供的元器件与常用的电子电路分析软件 PSPICE 的元器件是完全兼容的。在该软件下完成的电路文件可以直接输出至常见的印刷线路板排版软件(如 PROTEL 和 ORCAD),自动排出印刷电路板图。实践证明,具有一般电子技术基础知识的人员,只需几个小时就可学会电子工作台的使用,从而大大提高了电子设计工作的效率。

目前,EWB 已在电子工程设计和电工电子类课程教学领域得到了广泛应用。

EWB 的主窗口

点击 EWB 图标后,可以看到其主窗口如图 1-1 所示。

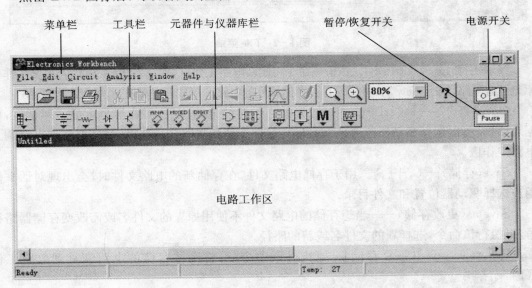

图 1-1　EWB 的主窗口

主窗口中最大的区域是电路工作区,在该区域可以创建电路和测试电路。工作区的上方分别是菜单栏、工具栏和元器件库栏。从菜单栏可以选择电路连接、实验所需的各种命令。工具栏包含了常用的操作命令按钮。元器件库栏包含了电路实验所需的各种模拟和数字元器件以及测试仪器。通过操作鼠标即可方便地使用各种命令和实验设备。按下"启动/停止"开关或"暂停/恢复"按钮,即可以进行实验(仿真)。此时一个元器件丰富、仪器设备齐全、电路连接方便的虚拟电子实验台展现在我们眼前。

一、EWB 的菜单栏

EWB 的菜单栏在图 1-2 所示主窗口的上方,包括 File、Edit、Circuit、Analysis、Window、Help 菜单,下面分别介绍其功能。

1. FILE 菜单

用鼠标选中 File,弹出如图 1-2 所示的菜单。该菜单命令主要用于管理"Workbench"创建的电路和文件。

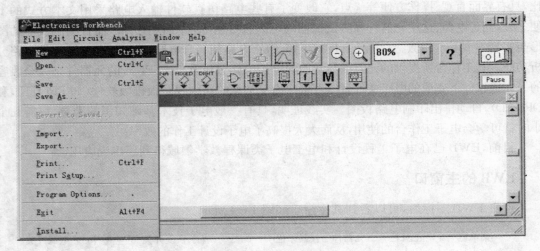

图 1-2　File 菜单

New(刷新)—— Ctrl+N 。执行该命令将刷新电路工作区,建立新电路文件,若电脑工作区原先已有电路,执行 New 后,将提问是否存储原先的电路。形成的电路文件的后缀为".ewb"。

Open(打开)—— Ctrl+O 。打开先前已创建的电路文件,并在屏幕上显示对话框,根据对话框,可以选择驱动器位置、文件目录、文件类型和文件名。选择完毕,可将该电路调入电路工作区。

Save(存储)— Ctrl+S 。用于存储电路文件,在存储新的电路文件时,会出现对话框供用户选择驱动器位置和文件目录。

Save as(更改存储)——当想存储的电路文件不使用原先的文件名或需改变存储器路径时,可执行该命令,选择新的文件名或新的路径。

Revert to saved(恢复存储)——执行该命令,可将刚才存储的电路恢复到电路工作区内。

Import(输入)——输入一个 spice 网表文件(扩展名为.net 或.cir),并将它转换成电路图。

Export(输出))——输出一个网表文件。将电路以文件格式存储,扩展名为下列形式的一种:. net . scr . cmp . cir . pic。

Print(打印)—— Crtl+P 。执行该命令会出现对应选择对话框,用户可根据要求选择打印电路图、元器件数量、仪器测试结果等,点击需打印项目,按"Print"键即可打印输出。

Print setup(打印设置)——Workbench 5. 1打印是采用 Windows 的控制面板缺省设置的打印机,打开 Print setup 出现一对话框,根据对话框提示,可设置打印机类型、打印质量、纸张大小、打印方向和份数等。

2. Edit 菜单

用鼠标选中 Edit,弹出如图 1-3 所示的菜单,该菜单命令主要用于对电路、元器件进行各种处理。

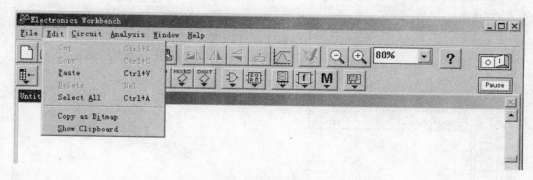

图 1-3　Edit 菜单

Cut(剪切)—— Ctrl+X 。该命令可以对电路工作区内的元器件、电路和阐述等进行剪切,将结果存放在剪贴板中,以供粘贴到其他位置,但原位置的内存将消失。注意:Cut 命令不适用于仪器的搬移,若要移动仪器,可按住鼠标直接移动。

具体操作步骤如下:

(1) 鼠标指在需剪切元器件或电路的左上方,按住左键拖曳成矩形,直至所需元器件、电路均包括在矩形内,放开左键(此时选定元器件显示红色)。

(2) 执行 Cut 命令,原选定内容消失。

(3) 将光标移至新安装位置,执行 Paste 粘贴命令,剪贴板内容就粘贴在电路工作区内。

Copy(复制)—— Ctrl+C 。Copy 命令可将电路工作区内的元器件、电路和阐述等结果存放在剪贴板中,以供粘贴到其他位置,且原位置的内容将保留;Copy 命令同样也适用于仪器的搬移,若要移动仪器,可按住鼠标直接移动。Copy 的操作过程与 Cut 命令相似。

Paste(粘贴)——Ctrl+V 。Paste 命令可将剪贴板上的内容粘贴到所需位置,但被粘贴位置的文件性质必须与剪贴板内容性质相同,如不能把元器件或其他图形文件粘贴到阐述区内,只能将其他应用软件的文本文件内容粘贴到阐述区去。

Delete(删除)—— Del 。执行 Delete 命令将永远删除选定的元器件、电路或文本,但不影响剪贴板中的内容。执行 Delete 命令必须十分小心,因为删除的内容无法恢复!

Select all(选择全部)—— Ctrl+A 。可将电路工作区窗口内的全部电路或者阐述区内的全部文本选定。可用于整个电路、文本的各种处理。

Copy As Bitmap(局部复制)—— Ctrl+I 。用于复制工作界面内的局部内容(也可以全部),将结果存入剪贴板,可供其他电路、文件或其他应用程序(如 Word)进行加工处理。复制步骤如下：

(1) 选择 Edit / Copy as bitmap，光标变成"十"字形。

(2) 单击鼠标并拖曳形成一矩形框，将其包围所要复制的所有图形。

(3) 释放鼠标按钮。

Show Clipboard(查看剪贴板)。可查看剪贴板内容。

3. Circuit 菜单

用鼠标选中 Circuit，弹出如图 1-4 所示的菜单。该菜单命令主要用于电路的创建以及显示。

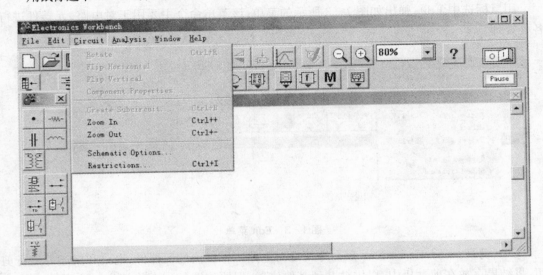

图 1-4 Circuit 菜单

Rotate(旋转)——Ctrl+R 。执行该命令，可将选定的元器件逆时针方向旋转 90 度。

Flip Horizontal(水平反转)。执行该命令，可将选定的元器件水平反转。

Flip Vertical(垂直反转)。执行该命令，可将选定的元器件垂直反转。

Component Properties(元器件特性)。执行该命令，可设置元器件的标签、编号、数值、模型参数等。

Creat Subcircuit(创建子电路)—— Ctrl+B 。执行该命令，可创建一子电路并存储。

Zoom In(放大)—— Ctrl+"十"。放大显示工作区内电路的尺寸。

Zoom Out(缩小)—— Ctrl+"一"。缩小显示工作区内电路的尺寸。

Schematic Options(电路图显示形式选择)。执行该命令，可设置元器件标签、编号、数值、模型参数等。

4. Analysis 菜单

用鼠标选中 Analysis，弹出如图 1-5 所示的菜单，该菜单命令主要用于电路的仿真。

Activate(激活)—— Ctrl+G 。该命令相当于接通电路工作区右上角电源开关，实际上是计算机对测试点进行求值运算。电源接通后程序开始运算，直到仿真过程完成，电源开关自动断开。也可以随时切断电源开关，取得当时的仿真结果。对于数字电路的电路激活，还可以通过激活数字信号发生器来实现。

电路仿真工作的好坏，主要取决于电路结构、接入电路的仪器和分析方法等因素。主窗

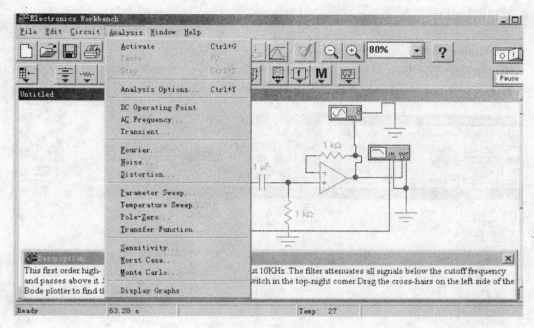

图 1 - 5　Analysis 菜单

口的左下方,是仿真状态显示栏,可跟踪显示仿真的进展过程,显示时间和状态。

在仿真过程中也可以随时往电路中添加元器件或仪器,电路会自动重新开始仿真。当发现运行电路在原理、结构上存在缺陷和不足时,或者有违反电路基本原则之处,在仿真时会及时告知用户,进行修改。

Pause(暂停)—— F9。可暂时停止仿真运行,以方便观察仪器的显示、进行设置,需继续仿真时只能选择电路命令菜单中的 Resume 或按键 F9。

Stop(停止)——Ctrl＋T 。执行 Stop 命令将会停止程序运行,有些电路(如振荡器等)在运行时没有固定的稳态值,可执行该命令停止仿真。

Analysis Options(分析)—— Ctrl＋Y 。选择电路的分析方法。

DC Operating Point——直流分析

AC Frequency——交流频率分析

Transient——暂态分析

Fourier——傅里叶分析

Noise——噪声分析

Distortion——失真分析

Parameter Sweep——参数扫描分析

Temperature Sweep——温度扫描分析

Polar - Zero——零-极点分析

Transfer Function——传递函数分析

Sensitivity——灵敏度分析

Worst Case——最坏情况分析

Monte Carlo——蒙特卡罗分析

Display Graphs——显示图

5. Window 菜单

用鼠标选中 Window,弹出如图 1-6 所示的菜单命令。该命令主要用于对 Workbench 工作界面的显示窗口和元器件进行设置和管理。

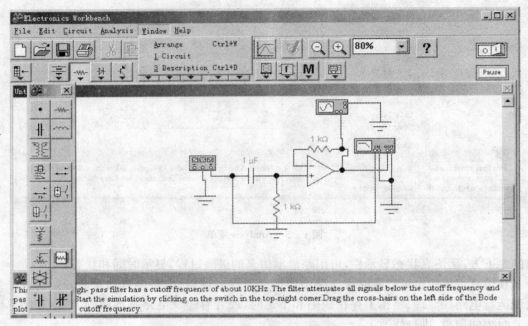

图 1-6　Window 菜单

Arrange(排列)—— Ctrl+W 。该命令可使操作界面内的电路工作区、分类元器件库和阐述栏排列有序,不产生图形重叠。

Circuit(电路)——可将电路工作区内的电路显示到前台。

Description(阐述)——Ctrl+D。该命令可使阐述栏显示在前台。阐述栏位于电路工作区的下部,主要作用是将有关电路的特点和操作方法等说明以文本方式写入该窗口内,也可以用粘贴方式将其他电路文件中的文本内容移植到本电路阐述栏内,但要求两者的文件格式必须相同。电路阐述栏和电路工作区的大小可以用箭头按住边框进行移动。

6. Help 菜单

Help 命令主要介绍 workbench 的程序操作、仪器使用和元器件选取等相关内容。见图 1-7。

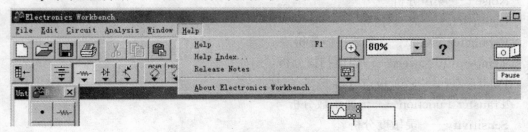

图 1-7　Help 菜单

Help(帮助)——F1。当操作者没有选定任何内容时,选择 Help(或按键 F1),屏幕将显示"帮助"内容的各主题索引。当操作者已选定工作界面中的元器件或仪器等时,再执行 Help 命令,屏幕将显示该元器件或仪器的相关帮助信息。在帮助内容中,凡是在该单词下面有划线的主题词,均可用鼠标直接点击,了解该词的含义等相关信息。

Help Index(帮助主题词索引)——执行该命令将显示所有帮助主题索引。

Release Notes(版本说明)——说明有关注意问题。

About Electronics Workbench(程序版本说明)——主要用于说明该程序的版本、序列号、许可等其他相关信息。

二、EWB 的工具栏

EWB 的工具栏图如图 1-8 所示。

图 1-8　工具栏

工具栏中各个按钮的名称及其功能如下:

刷新——清除电路工作区,准备生成新电路;

打开——打开电路文件;

存盘——保存电路文件;

打印——打印电路文件;

剪切——将选中电路剪切至剪贴板;

粘贴——从剪贴板粘贴至电路工作区;

旋转——将选中的元器件逆时针旋转 90°;

水平反转——将选中的元器件水平反转;

垂直反转——将选中的元器件垂直反转;

子电路——生成子电路;

分析图——调出分析图;

元件特性——调出元件特性对话框;

缩小——将电路图缩小一定比例;

放大——将电路图放大一定比例;

显示比例——显示电路图的当前缩放比例,并可下拉出缩放比例选择框;

帮助——调出与选中对象有关的帮助内容。

三、EWB 的元器件与仪器库栏

EWB 5.1 提供了非常丰富的元器件库及各种常用测试仪器,给电路仿真实验带来了极大的方便。图 1-9 对元器件与仪器库栏给出了标注。

单击元器件库栏中的某一个图标即可打开该元器件库。下面给出每一个元器件库的图标以及该库所包含的元器件和含义。关于这些元器件的功能和使用方法,读者可使用在线

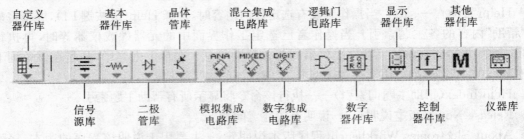

图 1 - 9　元器件与仪器库栏

帮助功能查阅有关的内容。

1. 信号源库

信号源库的图标如图 1 - 10 所示。

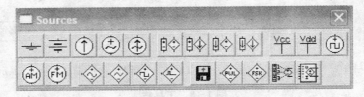

图 1 - 10　信号源库图标

该库包括下列信号源：

接地、电池、直流电流源、交流电压源、电压控制电压源、电压控制电流源、电流控制电压源、电流控制电流源、电压源 V_{cc}、电压源 V_{dd}、时钟源、调幅源、调频源、压控正弦波、压控三角波、压控方波、受控单脉冲、分段线性源、压控分段线性源、频移键控源 FSK、多项式源、非线性相关源。

2. 基本元器件库

基本元器件库的图标如图 1 - 11 所示。

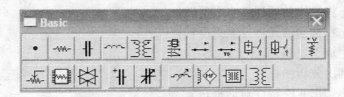

图 1 - 11　基本元器件库图标

该库包括下列元器件：

连接点、电阻器、电容器、电感器、变压器、继电器、延迟开关、压控开关、流控开关、上拉电阻、电位器、电阻排、压控模拟开关、有极性电容器、可调电容器、可调电感器、无线芯线圈、磁芯、非线性变压器。

3. 二极管库

二极管库的图标如图 1 - 12 所示。

该库包括下列元器件：

二极管、稳压二极管、发光二级管、全波桥式整流器、肖特基二极管、可控硅整流器、双向

图 1 - 12　二极管库图标

二极管、三端双向可控硅。

4. 晶体管库

晶体管库的图标如图 1 - 13 所示。

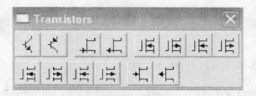

图 1 - 13　晶体管库图标

该库包括下列元器件：

NPN 三极管、PNP 三级管、N 沟道结型场效应管、P 沟道结型场效应管、三端耗尽型 NMOS 场效应管、三端耗尽型 PMOS 场效应管、四端耗尽型 NMOS 场效应管、四端耗尽型 NMOS 场效应管、三端增强型 NMOS 场效应管、三端增强型 PMOS 场效应管、四端增强型 NMOS 场效应管、四端增强型 PMOS 场效应管、N 沟道砷化钾场效应管、P 沟道砷化钾场效应管。

5. 模拟集成电路库

模拟集成电路库的图标如图 1 - 14 所示。

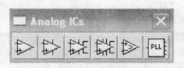

图 1 - 14　模拟集成电路库图标

该库包括下列元器件：

三端运算放大器、五端运算放大器、七端运算放大器、九端运算放大器、比较器、锁相环。

6. 混合集成电路库

混合集成电路库的图标如图 1 - 15 所示。

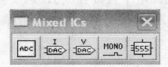

图 1 - 15　混合集成电路库图标

该库包括下列元器件：

A/D 转换器、电流输出 D/A、电压输出 D/A、单稳态触发器、555 定时器。

7. 数字集成电路库

数字集成电路库的图标如图 1-16 所示。

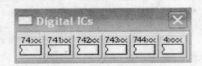

图 1-16　数字集成电路库图标

该库包括下列元器件：

74 xx 系列、741 xx 系列、742 xx 系列、743 xx 系列、744xx 系列、4xxx 系列。

8. 逻辑门电路库

逻辑门电路库的图标如图 1-17 所示。

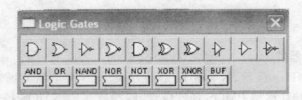

图 1-17　逻辑门电路库图标

该库包括下列元器件：

与门、或门、非门、或非门、与非门、异或门、同或门、三态缓冲器、缓冲器、施密特触发器、与门芯片、或门芯片、或非门芯片、非门芯片、异或门芯片、同或门芯片、缓冲器芯片。

9. 数字器件库

数字器件库的图标如图 1-18 所示。

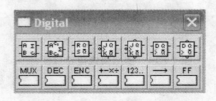

图 1-18　数字器件库图标

该库包括下列元器件：

半加器、全加器、RS 触发器、高电平直接置位 JK 触发器、低电平直接置位 JK 触发器、D 触发器、低电平直接置位 D 触发器、多路选择器、多路分配器、编码器、运算器、计算器、移位寄存器、触发器。

10. 显示器件库

显示器件库的图标如图 1-19 所示。

该库包括下列元器件：

电压表、电流表、灯泡、红色指示器、七段显示数码管、译码七段显示数码管、蜂鸣器、条

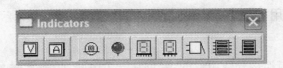

图 1-19　显示器件库图标

形光柱、译码条形光柱。

11. 控制器件库

控制器件库的图标如图 1-20 所示。

图 1-20　控制器件库图标

该库包括下列元器件：

电压微分器、电压积分器、电压增益模块、传递函数模块、乘法器、除法器、三端电压加法器、电压限幅器、压控限幅器、电流限幅器模块、电压滞回模块、电压变化率模块。

12. 其他器件库

其他器件库的图标如图 1-21 所示。

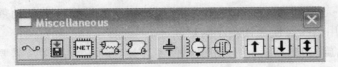

图 1-21　其他器件库图标

该库包括下列元器件：

熔断器、数据写入器、子电路网表、有耗传输线、无耗传输线、晶振、直流电机、真空管、开关式升压变换器、开关式降压变换器、开关式升降压变换器。

13. 仪器库

仪器库的图标如图 1-22 所示。

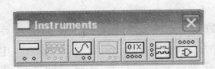

图 1-22　仪器库图标

该库包括下列元器件：

数字多用表、函数信号发生器、示波器、波特图仪、数字信号发生器、逻辑分析仪、逻辑转换仪。

EWB 的操作使用方法

一、电路的创建

电路是由元器件与连接导线组成的,要创建一个电路,必须掌握元器件的操作和导线的连接方法。

1. 元器件的操作

(1)元器件的选用。选用元器件时,首先在元器件库栏中单击包含该元器件的图标,打开该元器件库,然后从元器件库中将该元器件拖曳至电路工作区。

(2)选中元器件。在连接电路时,常常需要对元器件进行必要的操作:移动、旋转、删除、设置参数等。这就需要先选中该元器件。要选中某个元器件可使用鼠标器的左键单击该元器件。如果还要继续选中第二个、第三个、……,可以反复使用 CTRL+选中这些元器件。被选中的元器件以红色显示,便于识别。

此外,拖曳某个元器件,同时选中了该元器件。

如果要同时选中一组相邻的元器件,可以在电路工作区的适当位置拖曳画出一个矩形区域,包围在该矩形区域内的一组元器件即被同时选中。

要取消某一个元器件的选中状态,可以使用 CTRL+"鼠标左键单击"。要取消所有被选中元器件的选中状态,只需单击电路工作区的空白部分即可。

(3)元器件的移动。要移动一个元器件,只要拖曳该元器件即可。要移动一组元器件,必须选用前述的方法选中这些元器件,然后用鼠标左键拖曳其中的任意一个元器件,则所有选中的部分就会一起移动。元器件被移动后,与其相连的导线就会自动重新排列。选中元器件后,也可以使用箭头键使之作微小的移动。

(4)元器件的旋转与反转。为了使电路便于连接,布局合理,常常需要对元器件进行旋转或反转操作。这可先选中该元器件,然后使用工具栏的"旋转、垂直反转、水平反转"等按钮,或者选择 Circuit/Rotate(电路/旋转)、Circuit/Flip vertical(电路/垂直反转)、Circuit/Flip Horiaontal(电路/水平反转)等菜单栏中的命令。也可使用热键 CTRL+R 实现旋转操作。

(5)元器件的复制、删除。对选中的元器件,使用 Edit/Cut(编辑/剪切)、Edit/Copy(编辑/复制)和 Edit/Paste(编辑/粘贴)、Edit/Delete(编辑/删除)等菜单命令,可以分别实现元器件的复制、删除等操作。此外,直接将元器件拖曳回其元器件库(打开状态)也可实现删除操作。

(6)元器件标识、编号、数值、模型参数的设置。要选中元器件后,再按下工具栏中的器件特性按钮,或者选择菜单命令 Circuit/Component Property(电路/元器件特性),会弹出相关的对话框可供输入数据。元器件特性对话框具有多种选项可供选择,包括 Label(标识)、Model(模型)、Value(数值)、Fault(故障设置)、Display(显示)、Analysis Setup(分析设置)等内容。下面介绍这些选项的含义和设置方法。

Label 选项用于设置元器件的 Label(标识) Reference ID(编号)。其对话框如图 1-23 所示。

Reference ID (编号)通常由系统自动分配,必要时可以修改,但必须保证编号的唯一性。有些元器件没有编号,如连接点、接地、电压表、电流表等。在电路图上是否显示标识和编号可由 Circuit/Schematic Option(电路/电路图选项)的对话框设置。

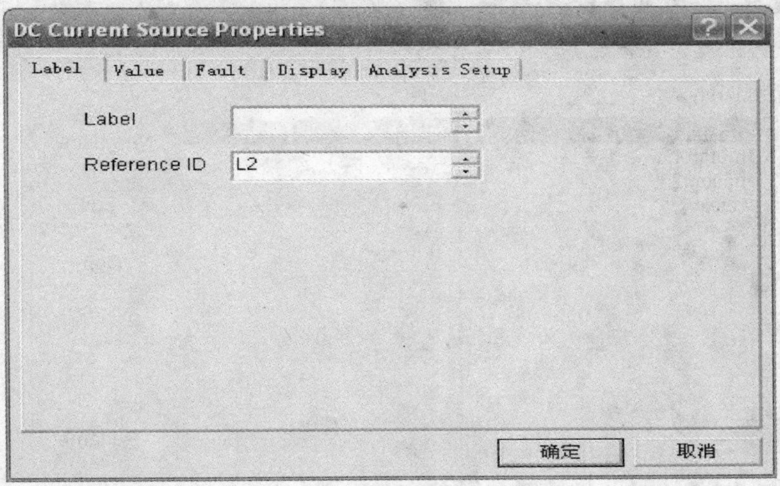

图 1-23　Label 选项对话框

当选择电阻、电容等一类比较简单的元器件时,会出现 Value(数值)选项,其对话框如图 1-24所示,可以设置元器件的数值。

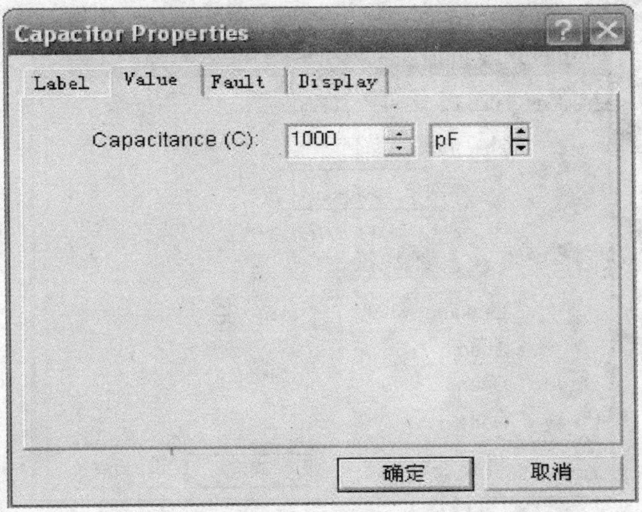

图 1-24　Value 选项对话框

当元器件比较复杂时,会出现 Model(模型)选项,其对话框如图 1-25 所示。模型缺省设置(Default)通常为 Ideal(理想),这有利于加快分析的速度,也能满足多数情况下的分析要求。如果对分析精度有特殊的要求,可以考虑选择其具有具体型号的器件模型。

Fault(故障)选项可供人为设置元器件的隐含故障。图 1-26 为某个电感的故障设置情况。1、2 为与故障设置有关的引脚号,图中选择了 Short(短路)设置,这时尽管该电感可能标有合理的数值,但实际上隐含了短路的故障,这为电路的故障分析教学提供了方便。另外,

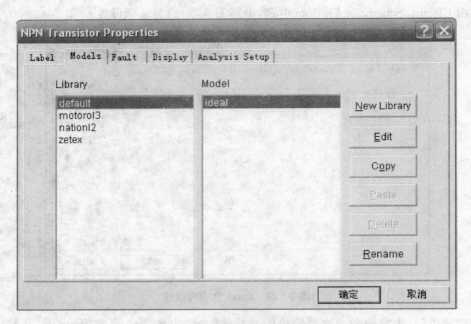

图 1-25   Models 选项对话框

对话框还提供了 Open(开路)、Leakage(漏电)、None(无故障)等设置。

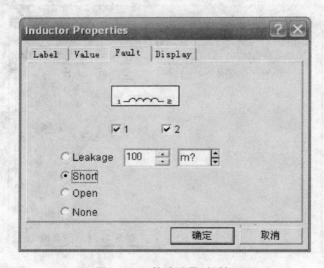

图 1-26   故障设置对话框

Display(显示)选项用于设置 Label，Modle，Reference ID 的显示方式,相关的对话框如图 1-27 所示,该对话框的设置与 Circuit/Schematic Option(电路/电路图选项)对话框的设置有关,如果遵循电路图选项的设置,则 Lable，Model，Reference ID 的显示方式由电路图选项的设置决定。否则可由图 1-27 中对话框下面的三个选项确定。

另外,Analysis Setup(分析设置)用于设置电路的工作温度等有关参数;Node(节点)选项中用于设置与节点编号等有关的参数。

(7) 电路图选项的设置,选择 Circuit/Schematic Option(电路/电路图选项)菜单命令可

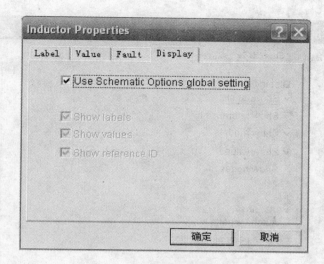

图 1-27　Display 选项对话框

弹出如图 1-28 所示的对话框,用于设置与电路图显示有关的一些选项,图 1-28 是关于栅格的设置,如果选择使用栅格,则电路图中的元器件与导线均落在栅格线上,可以保持电路图横平竖直、整齐美观。

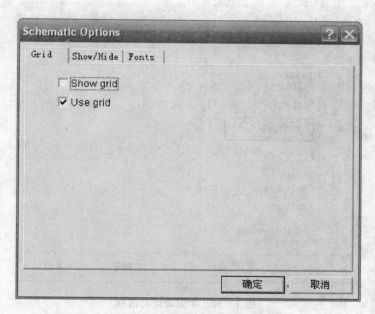

图 1-28　电路选项栅格的设置

如果按下 Show/Hide(显示/隐藏)按钮,则弹出图 1-29 的对话框,用于设置标号、数值、元器件库等的显示方式,该设置对整个电路图的显示方式有效,如对某个元器件显示方式有特殊要求,可使用器件特性的 Display(显示)选项对话框单独设置。

如果按下 Fonts(字型)按钮,则弹出图 1-30 所示对话框,用于显示和设置 Label、Value 和 Models 的字体与字号。

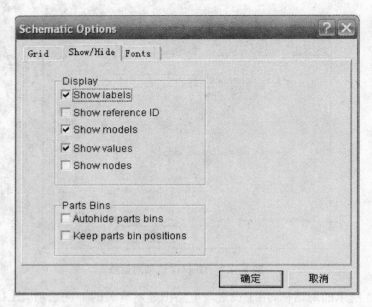

图 1-29 显示/隐藏对话框

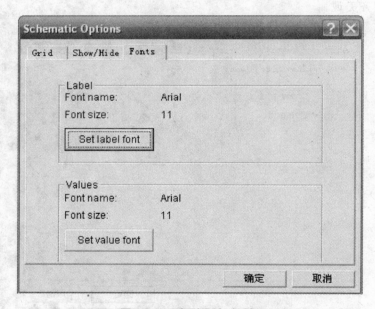

图 1-30 字型设计对话框

2. 导线的操作

（1）导线的连接。首先将鼠标器指向元器件的端点使其出现一个小黑圆点，按下鼠标左键并拖出一根导线，拉住导线并指向另一个元器件的端点使其出现小圆点。释放鼠标左键，则导线连接完成。

（2）连线的删除与改动。将鼠标器指向元器件与导线的连接点便出现一个圆点：按下左键拖曳该圆点使导线离开元器件端点，释放左键，导线自动消失。完成连线的删除，也可以将拖曳移开的导线连至另一个接点,实现连线的改动。

(3) 改变导线的颜色。在复杂的电路中,可以将导线设置为不同的颜色,有助于对电路图的识别。要改变导线的颜色,双击该导线弹出 Wire Property 对话框,选择 Schematic Option选项并按下 Set Wire Color 按钮,然后选择合适的色,如图 1－31 所示。

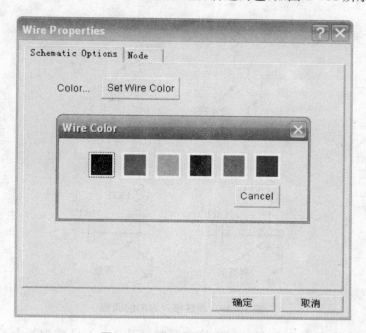

图 1－31　导线颜色设置对话框

(4) 欲向电路插入元器件,可以将元器件直接拖曳放置在导线上,然后释放即可插入电路中,如图 1－32 所示电路中的二极管。

图 1－32　在电路中插入元器件

(5) 若从电路中删除元器件,选中该元器件,按下 Delete 即可。

(6) "连接点"的使用。"连接点"是一个小圆点,存放在无源器件库中,一个"连接点"最多可以连接来自四个方向的导线,可以直接将"连接点"插入连线中,还可以给"连接点"赋予标识,如图 1－33 所示电路中的"A"点。

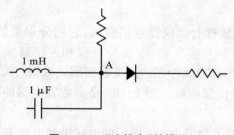

图 1－33　"连接点"的操作

（7）调整弯曲的导线，如图 1-34 情况，元件位置与导线不在一条直线上就会产生导线弯曲。可以选中该元件，然后鼠标拖曳或用四个箭头键微调元器件的位置，这种方法也可用于对一组选中元器件的位置设置调整。如果导线接入端点的方向不合适，也会造成导线不必要的弯曲，如图 1-35 情况，可以对导线接入端点的方向予以调整。

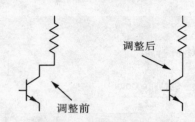

图 1-34　导线弯曲的调整

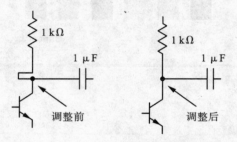

图 1-35　导线接入方向的调整

（8）节点及标识，编号与颜色。在连接电路时，EWB 5.1 自动为每个节点分配一个编号，是否显示节点编号可由 Circuit/Schematic Option 命令的 Show/Hide 对话框设置，见图 1-29 所示，显示节点编号的情况见图 1-36 所示，双击节点可弹出对话框用于设置节点的标识及与节点相连接的导线的颜色。

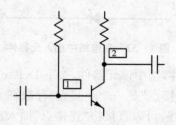

图 1-36　接点编号的显示

二、仪器的操作

EWB 5.1 的仪器库存放有七台仪器可供使用，它们分别是数字多用表、函数信号发生器、示波器、波特图仪、数字信号发生器、逻辑分析仪和逻辑转换仪。这些仪器每种只有一台，在连接电路时，仪器以图标方式存在。需要观察测试数据与波形或者需要设置仪器参数时，可以双击仪器图标打开仪器面板。图 1-37 是函数发生器的图标和打开后的函数信号发生器面板。

此外，EWB 5.1 还提供了如图 1-38 所示的电压表和电流表，这两种电表的数量是没有

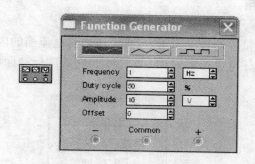

图 1-37　函数发生器的图标和打开后的面板

限制的,存放在显示元器件库中,可供多次选用,通过旋转操作可以改变其引出线的方向,双击电压表或电流表可以弹出其参数设置对话框。

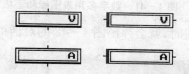

表线纵向引出　　表线横向引出

图 1-38　显示元件库的电压表和电流表

这里仅介绍仪器操作的一般方法,详细的使用方法将在后面介绍。

1. 仪器的选择与连接

选用仪器可以从仪器库中将相应的仪器图标拖曳至电路工作区。仪器图标上有连接端用于将仪器连入电路,拖仪器图标可以移动仪器的位置。不使用的仪器可以拖回仪器存放栏,与该仪器相连的导线自动会消失。图 1-39 是函数发生器图标及其连入电路的情况。

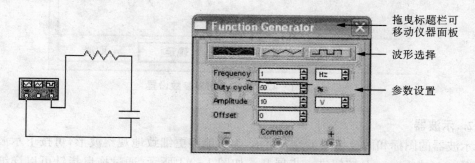

图 1-39　仪器的连接　　　　　　　　　图 1-40　仪器面板控制方法

2. 仪器参数的设置

双击仪器图标,打开仪器图标面板即可设置仪器参数。图 1-40 以函数发生器为例说明了仪器参数的设置方法及仪器面板的有关操作。

三、各种仪表的使用

1. 数字多用表

这是一种自动调整量程的数字多用表,其电压档与电流档的内阻、电阻档的电流值和分贝档的标准电压值都可任意进行设置。图 1-41 是它的图标和面板。

图 1-41 数字多用表图标和面板

按 Seting(参数设置)按钮时,就会弹出图 1-42 的对话框,可以设置多用表内部参数。

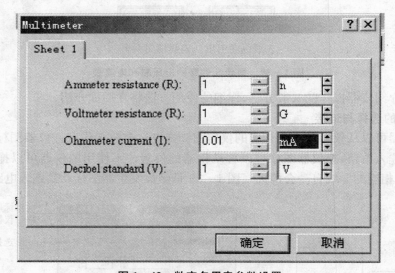

图 1-42 数字多用表参数设置

2. 示波器

示波器的图标和面板如图 1-43 所示,为了能够更细致地观察波形,可按下示波器面板上的 Zoom(或 Expand)按钮进一步展开。如图 1-44 所示,通过拖曳指针可以详细读取波形任一点的读数,以及两个指针间读数的差,按下 Reduce 按钮可缩小示波器面板至原来的大小,按下 Reverse 按钮可改变示波器屏幕的背景。按下 Save 按钮可按 ASCII 码格式存储波形读数。

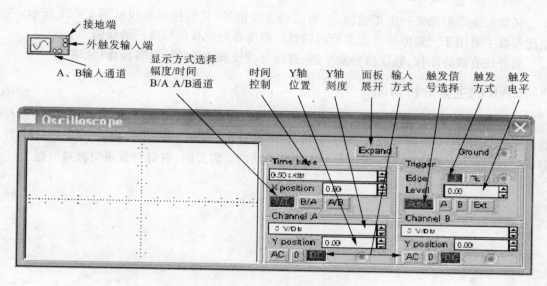

接地端
外触发输入端
A、B输入通道
显示方式选择
幅度/时间
B/A A/B 通道
时间控制
Y轴位置
Y轴刻度
面板展开
输入方式
触发信号选择
触发方式
触发电平

图 1-43　示波器图标和面板说明

拖曳此处可移动读数指针

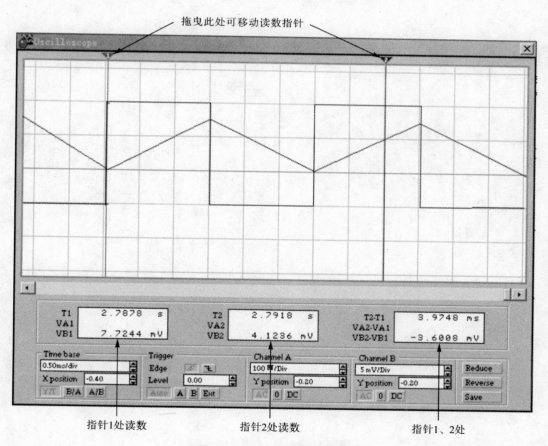

指针1处读数　　指针2处读数　　指针1、2处

图 1-44　示波器面板的展开

函数发生器可用来产生正弦波、三角波和方波信号,其图标和面板见图 1-37 所示,占空比参数主要用于三角波和方波波形的调整。幅度参数是指信号波形的峰值。

另外还有波特图仪、数字信号发生器、逻辑分析仪和逻辑转换仪等操作(从略)。

EWB 的主要分析功能

EWB 可以对模拟、数字和混合电路进行电路的性能仿真和分析。EWB 的分析功能有直流工作点分析、交流频率分析、瞬态分析、傅里叶分析、失真分析、零—极点分析、传递函数分析、直流和交流灵敏度分析等共有十几种分析功能。需要时,有资料及说明材料可查。

附录二　常用电子元器件介绍

一、译码驱动及显示器简介

在数字电路实验中,常常需要将实验结果以数字或字符直观地显示出来,这就要用到显示译码和数码管。显示译码器和数码器的种类较多,这里仅简单介绍一下实验中使用的 BCD 输入的 4 线-七段显示译码/驱动器和七段半导体发光二极管(英文缩写 LED)数码管。

1. 七段发光二极管数码管

七段 LED 数码管分为共阳、共阴极两种形式。共阳极管的工作特点是当笔段电极接低电平,公共阳极接高电平时,相应笔段可以发光。共阴极 LED 数码管的工作特点则与共阳极相反,它是将发光二极管的阴极(负极)短接后作为公共阴极,当驱动信号为高电平时,负端必须接低电平,才能够发光显示。半导体数码管不仅具有工作电压低(1.5～3 V)、体积小、寿命长、可靠性高等优点,而且响应时间短(一般不超过 0.1 μs),亮度也较高。它的缺点是工作电流比较大,一般为每笔段数毫安。

实验中使用共阴极数码管,它的图形符号和等效电路如图 2-1 所示,要求配用相应的显示译码器。

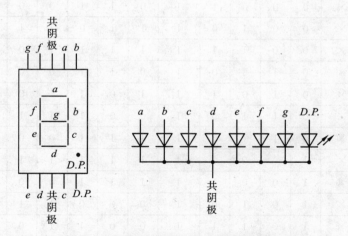

图 2-1　共阴极数码管图形符号和等效电路

2. 4 线-七段显示译码/驱动器

半导体数码管可以用 TTL 或 CMOS 集成电路直接驱动,为此就需要使用显示译码器将 BCD 代码译成数码管所需要的驱动信号,以便使数码管用十进制数字显示出 BCD 代码所表示的数值。

74LS48 是 BCD 输入,有上拉电阻的能够配合七段发光二极管数码管工作的 4 线-七段译码/驱动器,它的逻辑符号如图 2-2 所示。其中,A_3、A_2、A_1、A_0 是 BCD 码的输入端;Y_a、Y_b、…、Y_g 是译码输出端,用'1'表示数码管中笔段的点亮状态,用'0'表示笔段的熄灭状态。其功能表如表 2-1 所示。

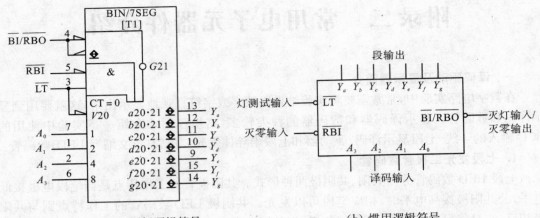

（a）国标逻辑符号　　　　　　　　（b）惯用逻辑符号

图 2-2　4 线-七段译码/驱动器 74LS48

表 2-1　4 线-七段译码/驱动器 74LS48 功能表

十进制或功能	输　入						$\overline{BI}/\overline{RBO}$	输　出							字形
	$\overline{LT}$	$\overline{RBI}$	A_3	A_2	A_1	A_0		Y_a	Y_b	Y_c	Y_d	Y_e	Y_f	Y_g	
0	1	1	0	0	0	0	1	1	1	1	1	1	1	0	0
1	1	×	0	0	0	1	1	0	1	1	0	0	0	0	1
2	1	×	0	0	1	0	1	1	1	0	1	1	0	1	2
3	1	×	0	0	1	1	1	1	1	1	1	0	0	1	3
4	1	×	0	1	0	0	1	0	1	1	0	0	1	1	4
5	1	×	0	1	0	1	1	1	0	1	1	0	1	1	5
6	1	×	0	1	1	0	1	0	0	1	1	1	1	1	6
7	1	×	0	1	1	1	1	1	1	1	0	0	0	0	7
8	1	×	1	0	0	0	1	1	1	1	1	1	1	1	8
9	1	×	1	0	0	1	1	1	1	1	1	0	1	1	9
10	1	×	1	0	1	0	1	0	0	0	1	1	0	1	c
11	1	×	1	0	1	1	1	0	0	1	1	0	0	1	⊐
12	1	×	1	1	0	0	1	0	1	0	0	0	1	1	∪
13	1	×	1	1	0	1	1	1	0	0	1	0	1	1	⊆
14	1	×	1	1	1	0	1	0	0	0	1	1	1	1	ⴱ
15	1	×	1	1	1	1	1	0	0	0	0	0	0	0	灭
灭灯	×	×	×	×	×	×	0	0	0	0	0	0	0	0	灭
灯测	0	×	×	×	×	×	1	1	1	1	1	1	1	1	8
灭零	1	0	0	0	0	0	0	0	0	0	0	0	0	0	灭

在 74LS48 中,除了上述的基本输入端和基本输出端外,还有几个辅助输入、输出端:

（1）灯测试输入（$\overline{\text{LT}}$）

$\overline{\text{LT}}$ 是灯测试输入端,当 $\overline{\text{LT}} = 0$ 时,输出全为 1。

（2）灭零输入端（$\overline{\text{RBI}}$）

$\overline{\text{RBI}}$ 是灭零输入端,当 $\overline{\text{RBI}} = 0$,且 $A_3A_2A_1A_0$ 的输入为 0000 时,输出全为 0,数字 0 不显示,处于灭零状态。

（3）灭灯输入/灭零输出（$\overline{\text{BI}}/\overline{\text{RBO}}$）

$\overline{\text{BI}}$ 灭灯输入端,当 $\overline{\text{BI}} = 0$ 是输出全为零;$\overline{\text{RBO}}$ 是灭零输出端,指该器件处于灭零状态时,$\overline{\text{RBO}} = 0$,否则,$\overline{\text{RBO}} = 1$,它主要是用来控制相邻的灭零功能。

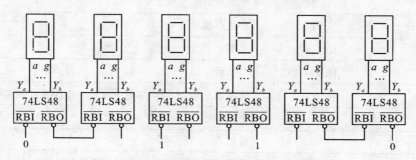

图 2-3　有灭零功能控制的 6 位数码显示系统

图 2-3 为一个有灭零控制功能的 6 位数码显示电路图。图中示出了各 74LS48 的 $\overline{\text{RBI}}$、$\overline{\text{RBO}}$ 端连接方法,在整数部分由于百位的译码器 $\overline{\text{RBI}} = 0$,若此位读数是零时,将不显示字符,并且使 $\overline{\text{RBO}}$ 端输出为零。图中可见,百位的 $\overline{\text{RBO}}$ 端与十位的 $\overline{\text{RBI}}$ 端相连,因而在百位处于灭零状态时,十位也具有灭零功能。对于个位使用灭零功能显然是不妥的,所以个位的 $\overline{\text{RBI}}$ 应置 1。同理,小数部分只有在低位是零,而且被熄灭时,高位才有灭零输入信号,从而实现了对小数点后的无效零采用灭零功能。接线时,不能将 +5 V 直接送入数码管的段输入 $a \sim g$ 中任何一个,否则会烧毁 PN 结。另外根据 74LS48 内部输出电路,当输出为高电平时,流过发光二极管的电流是由电源 V_{cc} 经上拉电阻提供的,当 $V_{cc} = 5$ V 时,这个电流只有 2 mA 左右。如果数码管需要的电流大于这个数值时,则应在上拉电阻上再并联适当的电阻。

3. 译码显示器和计数译码显示器

（1）译码显示器

CL002 和 CH283L 是一种 BCD 译码显示器,是由 CMOS 译码器和 LED 数码管组装而成的组合器件,完成寄存—译码—显示功能。其引脚端功能表如表 2-2,逻辑符号如图2-4所示。

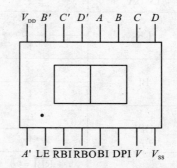

图 2-4　CL002、CH283L 逻辑符号

表 2 - 2　CL002 和 CH283L 引出端功能表

端　名	状　态	功　　能
$D'C'B'A'$	—	BCD 译码输入端
DCBA	—	寄存器输出
LE	0	送数
LE	1	寄存
BI	0	数字显示
BI	1	数字消隐（灭灯）
DPI	0	小数点消隐
DPI	1	小数点显示
RBI	$\overline{RBI} = 0$	灭零
RBI	$\overline{RBI} = 1$	零显示
RBO	—	灭零输出端，本位灭零时 $\overline{RBO} = 0$，用来控制相邻位灭零
V_{DD}	—	+5 V
V_{SS}	—	接地
V	—	通常接地（可接±1 V 控制字符亮度）

　　(2) 计数译码显示器

　　CL102 和 CH284L 是一种 NBCD 码的计数译码显示器，是由 CMOS 电路和 LED 数码管组装而成的组合器件，完成 NBCD 码计数—寄存—译码—显示功能。其引脚端功能表如表 2 - 3，逻辑符号如图 2 - 5 所示。

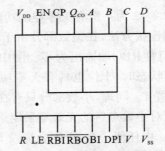

图 2 - 5　CL102、CH284L 逻辑符号

表 2 - 3　CL102 和 CH284L 引出端功能表

端　名	状　态	功　　能
DCBA	—	寄存器输出
LE	0	送数
LE	1	寄存
BI	0	数字显示
BI	1	数字消隐（灭灯）
DPI	0	小数点消隐
DPI	1	小数点显示
RBI	$\overline{RBI} = 0$	灭零
RBI	$\overline{RBI} = 1$	零显示

端 名	状 态	功 能
RBO	—	灭零输出端,本位灭零时 $\overline{RBO} = 0$,控制邻位灭零
R	1	置零
CP	↑	在 EN = 1 时,上升沿计数 在 EN = 0 时,为保持态
EN	↓	在 CP = 0 时,下降沿计数 在 CP = 1 时,为保持态
Q_{CO}	—	计数进位输出端,下降沿驱动高位计数
V_{DD}	—	+5 V
V_{SS}	—	接地
V	—	通常接地(可接±1 V控制字符亮度)

二、常用集成电路型号及引脚图

在双极型数字集成电路中,应用较广的是 TTL 电路。TTL 集成电路的国际符号是 CT,国标 CT 中又分为四个系列。

CT1000 为中速系列,对应于国际系列 54/74;CT2000 为高速系列(54H/74H);CT3000为甚高速系列(54S/74S);CT4000为低功耗肖特基系列(54LS/74LS)。

本附录中收集了部分常用 74 系列 TTL 集成电路,供实验时查阅。

1. 常用集成电路功能、型号对照表

名 称	型 号
四 2 输入与非门	74LS00
四 2 输入与非门(OC)	74LS01
六反相器	74LS04
双 4 输入与非门	74LS20
双上升沿 D 触发器	74LS74
四 2 输入异或门	74LS86
双下降沿 J - K 触发器	74LS112
3 线- 8 线译码器	74LS138
双 4 选 1 数据选择器(有选通输入端)	74LS153
十进制可预置同步计数器(异步清除)	74LS160
4 位二进制可预置同步计数器(异步清除)	74LS161
十进制可预置同步加/减计数器	74LS190
4 位双向移位寄存器(并行存取)	74LS194
八缓冲器/线驱动器/线接收器(3S,两组控制)	74LS244
4 位二进制超前进位全加器	74LS283

2. 引脚排列图

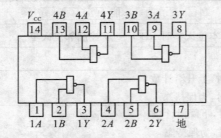

74LS00　四 2 输入与非门

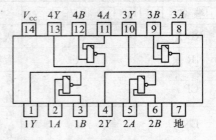

74LS01　四二输入与非门（OC）

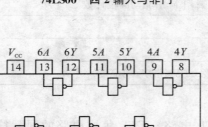

74LS04　六反相器

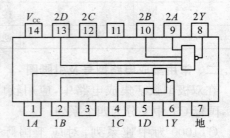

74LS20　双 4 输入与非门

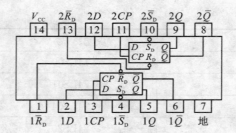

74LS74　双上升沿 D 触发器

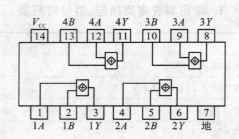

74LS86　四 2 输入异或门

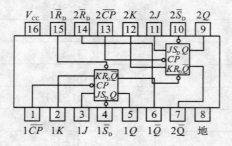

74LS112　双下降沿 J－K 触发器

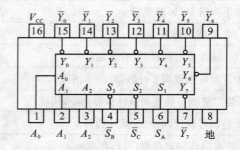

74LS138 3 线－8 线译码器

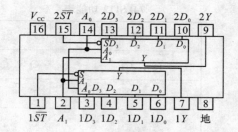

74LS153　双 4 选 1 数据选择器

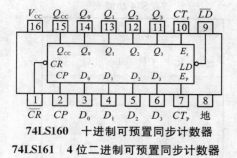

74LS160　十进制可预置同步计数器

74LS161　4 位二进制可预置同步计数器

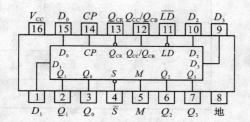

74LS190　十进制可预置同步加/减计数器

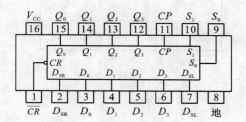

74LS194　4 位双向移位寄存器

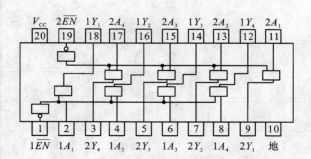

74LS244　八缓冲器/线驱动器/线接收器

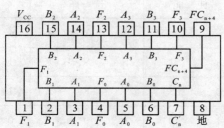

74LS283　4 位二进制超前进位全加器

3. 功能表

表中符号说明：1—高电平；0—低电平；X—任意；↑—低到高电平跳变；↓—高到低电平跳变；Q_0—稳态输入条件建立前 Q 的电平；$\overline{Q_0}$—稳态输入条件建立前 $\overline{Q}$ 的电平或 Q_0 的补码；CP—时钟输入端。

74LS74 功能表

输　入				输　出	
$\overline{S_D}$	$\overline{R_D}$	CP	D	Q	$\overline{Q}$
0	1	×	×	1	0
1	0	×	×	0	1
0	0	×	×	1*	1*
1	1	↑	1	1	0
1	1	↑	0	0	1
1	1	0	×	Q_0	$\overline{Q}_0$

* 不稳定状态

74LS112 功能表

输　入					输　出	
$\overline{S_D}$	$\overline{R_D}$	$\overline{CP}$	J	K	Q	$\overline{Q}$
0	1	×	×	×	1	0
1	0	×	×	×	0	1
0	0	×	×	×	1*	1*
1	1	↓	0	0	Q_0	$\overline{Q}_0$
1	1	↓	1	0	1	0
1	1	↓	0	1	0	1
1	1	↓	1	1	$\overline{Q}_0$	Q_0
1	1	↓	×	×	Q_0	$\overline{Q}_0$

* 不稳定状态

74LS138 功能表

输　入					输　出							
使　能		选　择										
S_A	$\overline{S}_B+\overline{S}_C$	A_2	A_1	A_0	$\overline{Y}_0$	$\overline{Y}_1$	$\overline{Y}_2$	$\overline{Y}_3$	$\overline{Y}_4$	$\overline{Y}_5$	$\overline{Y}_6$	$\overline{Y}_7$
×	1	×	×	×	1	1	1	1	1	1	1	1
0	×	×	×	×	1	1	1	1	1	1	1	1
1	0	0	0	0	0	1	1	1	1	1	1	1
1	0	0	0	1	1	0	1	1	1	1	1	1
1	0	0	1	0	1	1	0	1	1	1	1	1
1	0	0	1	1	1	1	1	0	1	1	1	1
1	0	1	0	0	1	1	1	1	0	1	1	1
1	0	1	0	1	1	1	1	1	1	0	1	1
1	0	1	1	0	1	1	1	1	1	1	0	1
1	0	1	1	1	1	1	1	1	1	1	1	0

74LS153 功能表

选　通	选　择　输　入		数　据　输　入				输　出
$\overline{ST}$	A_1	A_0	D_0	D_1	D_2	D_3	Y
1	×	×	×	×	×	×	0
0	0	0	0	×	×	×	0
0	0	0	1	×	×	×	1
0	0	1	×	0	×	×	0
0	0	1	×	1	×	×	1
0	1	0	×	×	0	×	0
0	1	0	×	×	1	×	1
0	1	1	×	×	×	0	0
0	1	1	×	×	×	1	1

74LS160、74LS161 功能表

输　入									输　出			
$\overline{CR}$	$\overline{LD}$	CT_P	CT_T	CP	D_0	D_1	D_2	D_3	Q_0	Q_1	Q_2	Q_3
0	×	×	×	×	×	×	×	×	0	0	0	0
1	0	×	×	↑	d_0	d_1	d_2	d_3	d_0	d_1	d_2	d_3
1	1	1	1	↑	×	×	×	×	计　数			
1	1	0	×	×	×	×	×	×	保　持			
1	1	×	0	×	×	×	×	×	保　持			

74LS190 功能表

输　入								输　出			
$\overline{LD}$	$\overline{S}$	M	CP	D_0	D_1	D_2	D_3	Q_0	Q_1	Q_2	Q_3
0	×	×	×	d_0	d_1	d_2	d_3	d_0	d_1	d_2	d_3
1	0	0	↑	×	×	×	×	加计数			
1	0	1	↑	×	×	×	×	减计数			
1	1	×	×	×	×	×	×	保　持			

输　入			输　出
S	Q_{CC}/Q_{CB}	CP	Q_{CR}
0	1	⎍	⎍
1	×	×	1
×	0	×	1

74LS194 功能表

输入										输出			
$\overline{CR}$	S_1	S_0	CP	D_{SL}	D_{SR}	D_0	D_1	D_2	D_3	Q_0^{n+1}	Q_1^{n+1}	Q_2^{n+1}	Q_3^{n+1}
0	×	×	×	×	×	×	×	×	×	0	0	0	0
1	×	×	0	×	×	×	×	×	×	保持			
1	0	0	×	×	×	×	×	×	×	保持			
1	1	1	↑	×	×	d_0	d_1	d_2	d_3	d_0	d_1	d_2	d_3
1	0	1	↑	×	1	×	×	×	×	1	Q_0^n	Q_1^n	Q_2^n
1	0	1	↑	×	0	×	×	×	×	0	Q_0^n	Q_1^n	Q_2^n
1	1	0	↑	1	×	×	×	×	×	Q_1^n	Q_2^n	Q_3^n	1
1	1	0	↑	0	×	×	×	×	×	Q_1^n	Q_2^n	Q_3^n	0

74LS244 功能表

输入		输出
$\overline{EN}$	A	Y
0	0	0
0	1	1
1	X	Z

注:Z-高阻抗

74LS283 功能表

输入				输出					
				$C_n = 0$ ($C_{n+2}=0$)			$C_n = 1$ ($C_{n+2}=1$)		
A_0 / A_2	B_0 / B_2	A_1 / A_3	B_1 / B_3	F_0 / F_2	F_1 / F_3	C_{n+2} / FC_{n+4}	F_0 / F_2	F_1 / F_3	C_{n+2} / FC_{n+4}
0	0	0	0	0	0	0	1	0	0
1	0	0	0	1	0	0	0	1	0
0	1	0	0	1	0	0	0	1	0
1	1	0	0	0	1	0	1	1	0
0	0	1	0	0	1	0	1	1	0
1	0	1	0	1	1	0	0	0	1
0	1	1	0	1	1	0	0	0	1
1	1	1	0	0	0	1	1	1	1
0	0	0	1	0	1	0	1	1	0
1	0	0	1	1	1	0	0	0	1
0	1	0	1	1	1	0	0	0	1
1	1	0	1	0	0	1	1	1	1
0	0	1	1	0	0	1	1	1	1
1	0	1	1	1	0	1	0	0	1
0	1	1	1	1	0	1	0	0	1
1	1	1	1	0	1	1	1	1	1

先用 A_0、B_0、A_1、B_1、C_n 的输入条件确定 F_0、F_1 输出和内部进位 C_{n+2} 的值；然后再用 C_{n+2}、A_2、B_2、A_3、B_3 的值来确定 F_2、F_3 和 FC_{n+4}。

三、常用晶体管和模拟集成电路

（一）半导体分立器件型号的命名法

中国晶体管和其他半导体器件的型号，通常由以下五部分组成，每部分的符号及意义见表。

例如，3AX81-81 号低频小功率 PNP 型锗材料三极管；2AP9-9 号普通锗材料二极管。

中国半导体分立器件型号的组成符号及其意义

第一部分		第二部分		第三部分				第四部分	第五部分
用数字表示器件的有效电极数目		用汉语拼音字母表示器件的材料和极性		用汉语拼音字母表示器件的类型				用数字表示器件序号	用汉语拼音字母表示规格的区别代号
符号	意义	符号	意义	符号	意义	符号	意义		
2	二极管	A	N 型,锗材料	P	普通管	D	低频大功率管 ($f_a < 3\,\mathrm{MHz}$, $P_c \geqslant 1\,\mathrm{W}$)		
		B	P 型,锗材料	V	微波管	A	高频大功率管 ($f_a \geqslant 3\,\mathrm{MHz}$, $P_c \geqslant 1\,\mathrm{W}$)		
		C	N 型,硅材料	W	稳压管				
		D	P 型,硅材料	C	参量管				
3	三极管	A	PNP 型,锗材料	Z	整流器	T	半导体闸流管(可控整流器)		
		B	NPN 型,锗材料	L	整流堆	Y	体效应器件		
		C	PNP 型,硅材料	S	隧道管	B	雪崩管		
		D	NPN 型,硅材料	N	阻尼管	J	阶跃恢复管		
		E	化合物材料	U	光电器件	CS	场效应管		
				K	开关管	BT	半导体特殊器件		
				X	低频小功率管 ($f_a < 3\,\mathrm{MHz}$, $P_c < 1\,\mathrm{W}$)	FH	复合管		
				G	高频小功率管 ($f_a \geqslant 3\,\mathrm{MHz}$, $P_c \leqslant 1\,\mathrm{W}$)	PIN	PIN 型管		
						JG	激光器件		

但是，场效应晶体管、半导体特殊器件、复合管、PIN 型二极管（P 区和 N 区之间夹一层本征半导体或低浓度杂质半导体的二极管。当其工作频率超过 100 MHz 时，由于少数载流子的存储效应和 I 层中的渡越时间效应，二极管失去整流作用，而成为阻抗元件，并且，其阻抗值的大小随直流偏置而改变）和激光器件等型号的组成只有第三、第四和第五部分。

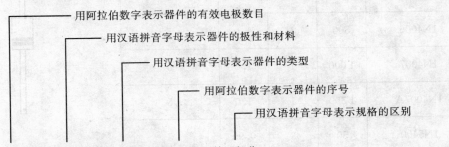

用阿拉伯数字表示器件的有效电极数目
用汉语拼音字母表示器件的极性和材料
用汉语拼音字母表示器件的类型
用阿拉伯数字表示器件的序号
用汉语拼音字母表示规格的区别

第一部分　第二部分　第三部分　第四部分　第五部分

例如，CS2B 是表示：B 规格 2 号场效应晶体管。

（二）常用晶体管和模拟集成电路

1. 二极管

（1）整流二极管

型　　号	最高反向峰值电压 V_{RM}/V	额定正向整流电流 I_F/A	正向电压降 V_F/V	反向漏电流（平均值）$I_R/\mu A$		不重复正向浪涌电流 I_{FSM}/A	频率 f/kHz	额定结温 $T_{jM}/℃$	备注
2CZ84A～2CZ84X	25～3 000	0.5	1.0	≤10 (25℃)	500 (100℃)	10	3	130	
2CZ55A～2CZ55X	25～3 000	1	1.0	10 (25℃)	500 (125℃)	20	3	150	
2CZ85A～2CZ85X	25～3 000	1	1.0	10 (25℃)	500 (100℃)	20	3	130	塑料封装
2CZ56A～2CZ56X	25～3 000	3	0.8	20 (25℃)	1 000 (140℃)	65	3	140	
2CZ57A～2CZ57X	25～3 000	5	0.8	20 (25℃)	1 000 (140℃)	100	3	140	
								外形图	
1N4001	50	1	1.0	5					
1N4002	100	1	1.0	5					
1N4003	200	1	1.0	5					
1N4004	400	1	1.0	5					
1N4005	600	1	1.0	5					
1N4006	800	1	1.0	5					
1N4007	1 000	1	1.0	5					
1N4007A	1 300	1	1.0	5					
1N5400	50	3	0.95	5					
1N5401	100	3	0.95	5					
1N5402	200	3	0.95	5					

（2）组合整流器（整流桥堆）

型　号	最高反压 V_{RM}/V	额定整流电流 V_F/A	最大正向压降 V_F/V	浪涌电流 I_{FSM}/A	最高结温 T_{jM}/℃	外　形
SQ1A－M	25～1 000	1	1.5	20	125	
SQ2A－M	25～1 000	2	1.5	40	125	
QL25D	200	0.5	1.2	10	130	D55
XQL005C	200	0.5	1.2	3	125	D58
3QL25－5D	200	1	0.65		130	D165－2
QL－27－2	200	2	1.2	20	125	D55－45
QL－28－2	200	3	1.2	30	125	
QLG－26D	200	1	1.2	20	130	D55－45
3QL27－5D	200	2	0.65		130	D165－2
QL－27D	200	2	1.2	40	130	
QL026C	200	2.6	1.3	200	125	D51－4
QL28D	200	3	1.2	60	130	D55
QSZ3A	200	3	0.8	200	175	
QL040C	200	4	1.3	200	125	D51－4
QL9D	200	5	1.2	80	130	D168
QL100C	200	10	1.2	200	125	D55－44
SQL7－2	200	2	1.2	15	125	

（3）硅稳压二极管

型　号		最大耗散功率 P_{ZM}/W	最大工作电流 I_{ZM}/mA	稳定电压 V_Z/V	动态电阻		反向漏电流 I_R/μA	正向压降 V_F/V	电压温度系数 C_{TV}/10^{-4}/℃	外　形
					R_Z/Ω	I_3/mA				
(1N4370)	2CW50	0.25	83	1～2.8	≤50	10	≤10($V_R=0.5$ V)	≤1	≤－9	
1N746 (1N4371)	2CW51	0.25	71	2.5～3.5	≤60	10	≤5($V_R=0.5$ V)	≤1	≤－9	
1N747－9	2CW52	0.25	55	3.2～4.5	≤70	10	≤2($V_R=0.5$ V)	≤1	≤－8	
1N750－1	2CW53	0.25	41	4～5.8	50	10	≤1	≤1	－6～4	
1N752－3	2CW54	0.25	38	5.5～6.5	30	10	≤0.5	≤1	－3～5	
1N754	2CW55	0.25	33	6.2～7.5	15	10	≤0.5	≤1	≤6	
1N755－6	2CW56	0.25	27	7～8.8	15	5	≤0.5	≤1	≤7	
1N757	2CW57	0.25	26	8.5～9.5	20	5	≤0.5	≤1	≤8	
1N758	2CW58	0.25	23	9.2～10.5	25	5	≤0.5	≤1	≤8	
1N962	2CW59	0.25	20	10～11.8	30	5	≤0.5	≤1	≤9	
1N963	2CW60	0.25	19	11.5～12.5	40	5	≤0.5	≤1	≤9	
1N964	2CW61	0.25	16	12.2～14	50	3	≤0.5	≤1	≤9.5	
1N965	2CW62	0.25	14	13.5～17	60	3	≤0.5	≤1	≤9.5	

型　　号		最大耗散功率 P_{ZM} /W	最大工作电流 I_{ZM} /mA	稳定电压 V_Z /V	动态电阻		反向漏电流 $I_R/\mu A$	正向压降 V_F /V	电压温度系数 C_{TV} /10^{-4} /℃	外　形
					R_Z /Ω	I_3 /mA				
(2DW7A)	2DW230	0.2	30	5.8～6.0	≤25	10	≤1	≤1	≤|50|	
(2DW7B)	2DW231	0.2	30	5.8～6.0	≤15	10	≤1	≤1	≤|50|	
(2DW7C)	2DW232	0.2	30	6.0～6.5	≤10	10	≤1	≤1	≤|50|	
2DW8A		0.2	30	5～6	≤25	10	≤1	≤1	≤|8|	
2DW8B		0.2	30	5～6	≤15	10	≤1	≤1	≤|8|	
2DW8C		0.2	30	5～6	≤5	10	≤1	≤1	≤|8|	

（4）2AP9-10 型锗点接触检波二极管

型　号	2AP9	2AP10	测　试　条　件
反向击穿电压 $V_{(BR)}$ /V	20	40	$I_R = 800\ \mu A$
反向电流 $I_R/\mu A$	≤200	≤40	反向电压 10 V
最高反向工作电压 V_{RM} /V	10	20	
正向电流 I_F /mA	≥8	≥8	正向电压 1 V
反向工作电压 V_R /V	5(≤40 μA)	10(≤40 μA)	I_R 为括号内数值
	10	20	$I_R = 200\ \mu A$
最大整流电流 I_{OM} /mA	5	5	
截止频率 f /MHz	100	100	
浪涌电流 I_{FSM} /mA	50	50	持续时间 1 s
检波效率 η%	≥65	≥65	$f = 10.7$ MHz，正向电压 1 V，$R_L = 5\ k\Omega$，$C = 2\ 200$ pF
	≥55	≥55	$f = 40$ MHz，正向电压 1 V，$R_L = 5\ k\Omega$，$C = 20$ pF
检波损耗 /dB	≤20	≤20	交流电压 0.2 V，$f = 465$ kHz
势垒电容 C_T /pF	≤0.5	≤1	反向电压 6 V，交流电压 1～2 V，$f = 10$ kHz
最高结温 T_{jM} /℃	75	75	

（5）2CC1 型硅变容二极管

型　号	最高反向工作电压 V_{RM} /V	反向电流 $I_R/\mu A$		结电容 C_j /pF	电容变化范围 /pF	零偏压品质因数 Q	电容温度系数 T_C(1/℃)
2CC1A	15	≤0.5	≤20	60～110	220～50	≥250	5×10^{-4}
2CC1B	15	≤0.5	≤20	20～60	110～22	≥400	5×10^{-4}
2CC1C	25	≤0.5	≤20	70～110	240～42	≥250	5×10^{-4}
2CC1D	25	≤0.5	≤20	30～70	125～20	≥300	5×10^{-4}
2CC1E	40	≤0.5	≤20	40～80	150～18	≥300	5×10^{-4}
2CC1F	60	≤0.5	≤20	20～60	110～10	≥400	5×10^{-4}
测试条件	$T = 20℃$，$I_R = 1\ \mu A$	在相应的 V_{RM} 下		$V_R = 4$ V	$V_R = 0$	$V_R = 4$ V	$V_R = 10$ V
	$T = 125℃$，$I_R = 20\ \mu A$	20℃±5℃	125℃±5℃		$V_R = V_{RM}$	$f = 5$ MHz	$f = 3.5$ MHz

（6）BT32～BT33 型双基极二极管（单结晶体管）

型　号	分压比 η_V ($V_{BB} = 20\,V$ 时)	基极间电阻 r_{BB}/Ω	峰点电流 $I_P/\mu A$	谷点电流 I_V/mA	谷点电压 V_V/V	耗散功率 P/W
BT32A	0.3～0.55	3～6 k	2	1	3	0.3
BT32B	0.3～0.55	5～10 k	2	1	3	0.3
BT32C	0.45～0.75	3～6 k	2	1	3	0.3
BT32D	0.45～0.75	5～10 k	2	1	3	0.3
BT32E	0.65～0.85	3～6 k	2	1	3	0.3
BT32F	0.65～0.85	5～10 k	2	1	3	0.3
BT33A	0.3～0.55	3～6 k	2	1.5	3	0.4
BT33B	0.3～0.55	5～12 k	2	1.5	3.5	0.4
BT33C	0.45～0.75	3～6 k	2	1.5	3.5	0.4
BT33D	0.45～0.75	5～12 k	2	1.5	3.5	0.4
BT33E	0.65～0.9	3～6 k	2	1.5	3.5	0.4
BT33F	0.65～0.9	5～12 k	2	1.5	3.5	0.4

2. 三极管

（1）NPN 硅高频小功率管

	型　号	3DG100A	3DG100B	3DG100C	3DG100D	3DG201	测　试　条　件
极限参数	P_{CM}/mW	100	100	100	100	100	
	I_{CM}/mA	20	20	20	20	20	
	$V_{(BR)CBO}/V$	≥30	≥40	≥40	≥40	≥30	$I_C = 100\,\mu A$
	$V_{(BR)CEO}/V$	≥15	≥20	≥20	≥30	≥30	$I_C = 100\,\mu A$
	$V_{(BR)EBO}/V$	≥4	≥4	≥4	≥4	≥4	$I_R = 100\,\mu A$
直流参数	$I_{CBO}/\mu A$	≤0.01	≤0.01	≤0.01	≤0.01		$V_{CB} = 10\,V$
	$I_{CEO}/\mu A$	≤0.01	≤0.01	≤0.01	≤0.01		$V_{CE} = 10\,V$
	$I_{EBO}/\mu A$	≤0.01	≤0.01	≤0.01	≤0.01		$V_{EB} = 1.5\,V$
	$V_{BE(sat)}/V$	≤1	≤1	≤1	≤1		$I_C = 10\,mA$　$I_B = 1\,mA$
	$V_{CE(sat)}/V$	≤1	≤1	≤1	≤1	≤0.9	$I_C = 10\,mA$　$I_B = 1\,mA$
	h_{FE}	≥30	≥30	≥30	≥30	≥55	$V_{CE} = 10\,V$　$I_C = 3\,mA$
交流参数	f_T/MHz	≥100	≥150	≥250	≥150	≥100	$V_{CB} = 10\,V$　$I_E = 3\,mA$ $f = 100\,MHz$, $R_L = 5\,\Omega$
	G_P/dB	≥7	≥7	≥7	≥7		$V_{CB} = 10\,V$　$I_E = 3\,mA$ $f = 100\,MHz$
	$C_{b'c}/pF$	≤4	≤4	≤4	≤4		$V_{CB} = 10\,V$　$I_E = 0$
h_{FE}色标分档	（红）30～60（绿）50～110（蓝）90～160（白）＞150						
管　脚							

注：3DG100 原型号 3DG6。

（2）NPN 硅高频中功率管

型　号		3DG130A	3DG130B	9011	9013	9014	9018	测　试　条　件
极限参数	P_{CM}/mW	700	700	150	500	300	200	
	I_{CM}/mA	300	300	20	100	50	20	
	$V_{(BR)CBO}$/V	≥40	≥60	≥50	≥40	≥40	≥30	$I_C = 100\,\mu A$
	$V_{(BR)CEO}$/V	≥30	≥45	≥30	≥25	≥25	≥15	$I_C = 100\,\mu A$
	$V_{(BR)EBO}$/V	≥4	≥4	≥4	≥5	≥4	≥4	$I_E = 100\,\mu A$
直流参数	I_{CBO}/μA	≤0.1	≤0.1	≤0.1	≤0.1	≤0.1	≤0.1	$V_{CB} = 10\ V$
	I_{CEO}/μA	≤0.5	≤0.5	≤0.1	≤0.1	≤0.1	≤0.1	$V_{CE} = 10\ V$
	I_{EBO}/μA	≤0.5	≤0.5					$V_{EB} = 1.5\ V$
	$V_{BE(sat)}$/V	≤1	≤1					$I_C = 100\ mA;\ I_B = 10\ mA$
	$V_{CE(sat)}$/V	≤0.6	≤0.6	≤0.3	≤0.6	≤0.3	≤0.5	$I_C = 100\ mA;\ I_B = 10\ mA$
	h_{FE}	≥40	≥40	≥29	≥64	≥60	≥28	$V_{CE} = 10\ V;\ I_C = 50\ mA$
交流参数	f_T/MHz	≥150	≥150	≥100		≥150	≥600	$V_{CB} = 10\ V;\ I_E = 50\ mA;$ $f = 100\ MHz;\ R_L = 5\ \Omega$
	G_P/dB	≥6	≥6					$V_{CB} = 10\ V;\ I_E = 50\ mA;$ $f = 100\ MHz$
	$C_{b'c}$/pF	≤10	≤10	≤5		≤3.5	≤2	$V_{CB} = 10\ V\ \ I_E = 0$
h_{FE}色标分档		（红）30～60；（绿）50～110；（蓝）90～160；（白）>150						
管　脚								T092 – A2

注：3DG130 原型号 3DG12。

（3）PNP 硅高频中功率管

型　号		3CG7A	3CG7B	3CG7C	9012	9015	测　试　条　件
极限参数	P_{CM}/mW	700	700	700	500	300	
	I_{CM}/mA	150	150	150	100	50	
	$V_{(BR)CBO}$/V	≥20	≥30	≥40	≥30	≥50	$I_C = 50\,\mu A$
	$V_{(BR)CEO}$/V	≥15	≥20	≥35	≥20	≥45	$I_C = 100\,\mu A$
	$V_{(BR)EBO}$/V	≥4	≥4	≥4	≥5	≥5	$I_E = 50\,\mu A$
直流参数	I_{CEO}/μA	≤1	≤1	≤1	≤0.5	≤0.5	$V_{CE} = -10\ V$
	$V_{CE(sat)}$/V	≤0.5	≤0.5	≤0.5	≤0.5	≤0.5	$I_C = 10\ mA;\ I_B = 1\ mA$
	h_{FE}	≥20	≥30	≥50	≥64	≥60	$V_{CE} = -6\ V;\ I_C = 20\ mA$
交流参数	f_T/MHz	≥80	≥80	≥80		≥100	$V_{CE} = -10\ V;\ I_C = 40\ mA$
	N_F/dB	≤5	≤5	≤5			$V_{CB} = -6\ V;\ I_C = 1\ mA;\ f = 50\ MHz$
	C_{ob}/pF	≤3.5	≤3.5	≤3.5	≤3.5	≤3.5	$V_{CB} = -10\ V;\ I_E = 0;\ f = 25\ MHz$
外形引脚							T092 – A2

（4）PNP 锗大功率管

	型　号	3AD30A	3AD30B	3AD30C	3AD50A	3AD50B	测　试　条　件
极限参数	P_{CM}/W	20	20	20	10	10	加 200 mm×200 mm×4 mm 散热板
	I_{CM}/A	4	4	4	3	3	
	T_{jM}/℃	85	85	85			
	$V_{(BR)CBO}$/V	50	60	70	50	60	$I_C = -10$ mA
	$V_{(BR)CEO}$/V	12	18	24	18	24	$I_C = -20$ mA
	$V_{(BR)EBO}$/V	20	20	20	20	20	$I_E = 10$ mA
直流参数	I_{CBO}/μA	≤500	≤500	≤500	≤300	≤300	$V_{CB} = -20$ V
	I_{CEO}/mA	≤15	≤10	≤10	≤2.5	≤2.5	$V_{CE} = -10$ V
	I_{EBO}/μA	≤800	≤800	≤800			$V_{EB} = -10$ V
	$V_{BE(sat)}$/V	≤1.5	≤1.5	≤1.5			$I_B = -400$ mA；$I_C = -4$ A
	$V_{CE(sat)}$/V	≤1.5	≤1	≤1	≤0.8	≤0.8	$I_B = -400$ mA；$I_C = -4$ A
	h_{FE}	12～100	12～100	14～100	20～140	20～140	$V_{CE} = -2V$；$I_C = -4$ A
交流参数	f_{hfe}/MHz	≥2	≥2	≥2	≥2	≥2	$V_{CE} = -6$ V；$I_C = -400$ mA；$R_C = 5\ \Omega$
外形引脚							

3. N 沟道结型场效应管 3DJ6 和 3DJ7（大跨导管）

型　号	3DJ6D	3DJ6E	3DJ6F	3DJ6G	3DJ6H	3DJ7E	3DJ7G
饱和漏源电流 $I_{DS(sat)}$/mA	<0.35	0.3～1.2	1～3.5	3～6.5	6～10	1～3.5	3～11
夹断电压 $V_{GS(off)}$/V	<|−9|	<|−9|	<|−9|	<|−9|	<|−9|	<|−9|	<|−9|
栅源绝缘电阻 R_{GS}/Ω	≥10^8	≥10^8	≥10^8	≥10^8	≥10^8	≥10^7	≥10^7
共源小信号低频跨导 g_m/μS	>1 000	>1 000	>1 000	>1 000	>1 000	>3 000	>3 000
输入电容 C_{gs}/pF	≤5	≤5	≤5	≤5	≤5	≤6	≤6
反馈电容 C_{gd}/pF	≤2	≤2	≤2	≤2	≤2	≤3	≤3
低频噪声系数 F_{nL}/dB	≤5	≤5	≤5	≤5	≤5	≤5	≤5
高频功率增益 G_{ps}/dB	≥10	≥10	≥10	≥10	≥10	≥10	≥10
高高振荡频率 f_{max}/MHz	≥30	≥30	≥30	≥30	≥30	≥30	≥30
最大漏源电压 $V_{(BR)DS}$/V	≥20	≥20	≥20	≥20	≥20	≥20	≥20
最大栅源电压 $V_{(BR)GS}$/V	≥20	≥20	≥20	≥20	≥20	≥20	≥20
最大耗散功率 P_{DSM}/mW	100	100	100	100	100	100	100
最大漏源电流 I_{DSM}/mA	15	15	15	15	15	15	15

型　　号	3DJ7H	3DJ7I	3DJ7J	3DJ7K	测试条件	管　脚
饱和漏源电流 $I_{DS(sat)}$/mA	10~18	17~25	24~35	34~70	$V_{DS} = 10$ V $V_{GS} = 0$ V	
夹断电压 $V_{GS(off)}$/V	$<|-9|$	$<|-9|$	$<|-9|$	$<|-9|$	$V_{DS} = 10$ V $I_{DS} = 50$ μA	
栅源绝缘电阻 R_{GS}/Ω	$\geqslant 10^7$	$\geqslant 10^7$	$\geqslant 10^7$	$\geqslant 10^7$	$V_{DS} = 0$ V $V_{GS} = 10$ V	
共源小信号低频跨导 g_m/μS	>3 000	>3 000	>3 000	>3 000	$V_{DS} = 10$ V $I_{DS} = 3$ mA; $f = 1$ kHz	
输入电容 C_{gs}/pF	$\leqslant 6$	$\leqslant 6$	$\leqslant 6$	$\leqslant 6$	$V_{DS} = 10$ V $f = 500$ kHz	
反馈电容 C_{gd}/pF	$\leqslant 3$	$\leqslant 3$	$\leqslant 3$	$\leqslant 3$	$V_{DS} = 10$ V $f = 500$ kHz	
低频噪声系数 F_{nL}/dB	$\leqslant 5$	$\leqslant 5$	$\leqslant 5$	$\leqslant 5$	$V_{DS} = 10$ V $R_G = 10$ MΩ $f = 1$ kHz	
高频功率增益 G_{ps}/dB	$\geqslant 10$	$\geqslant 10$	$\geqslant 10$	$\geqslant 10$	$V_{DS} = 10$ V $f = 3$ MHz	
最高振荡频率 f_{max}/MHz	$\geqslant 30$	$\geqslant 30$	$\geqslant 30$	$\geqslant 30$	$V_{DS} = 10$ V	
最大漏源电压 $V_{(BR)DS}$/V	$\geqslant 20$	$\geqslant 20$	$\geqslant 20$	$\geqslant 20$		
最大栅源电压 $V_{(BR)GS}$/V	$\geqslant 20$	$\geqslant 20$	$\geqslant 20$	$\geqslant 20$		
最大耗散功率 P_{DSM}/mW	100	100	100	100		
最大漏源电流 I_{DSM}/mA	15	15	15	15		

4. 5G921s 型差分对管

型　号	5G921sA2	5G921sB2	5G921sC2	5G921sD2	测 试 条 件
P_{CM}/mW	60	60	60	60	单管
I_{CM}/mA	10	10	10	10	
$V_{(BR)CEO}$/V	$\geqslant 15$	$\geqslant 15$	$\geqslant 15$	$\geqslant 15$	$I_C = 50$ μA
h_{FE}	$\geqslant 30$	$\geqslant 30$	$\geqslant 30$		$V_{CE} = 6$ V; $I_C = 1$ mA
				$\geqslant 30$	$V_{CE} = 6$ V; $I_C = 10$ μA
Δh_{FE}	$\leqslant 10$	$\leqslant 10$	$\leqslant 10$	$\leqslant 10$	$\dfrac{h_{FE1} - h_{FE2}}{h_{FE1}} \times 100\%$
ΔV_{BE}/V	$\leqslant 5$	$\leqslant 5$	$\leqslant 5$		$V_{CE} = 6$ V; $I_C = 1$ mA
				$\leqslant 2$	$V_{CE} = 6$ V; $I_C = 10$ μA
f_T/MHz	$\geqslant 100$	$\geqslant 100$	$\geqslant 100$	$\geqslant 100$	$V_{CE} = 6$ V; $I_C = 1$ mA, $f_{hfb} = 30$ MHz
备注	一对合格	一对合格	二对合格	一对合格	
管　脚					1 脚、8 脚接电路最低电位

5. 集成电路

(1) 集成运算放大器

型号 参数名称	CF741	CF158/258/358 （双运放）	CF148/248/348 （四运放）	CF124/224/324 （四运放）
输入失调电压 V_{IO}/mV	1 （$R_S \leqslant 10\ k\Omega$）	± 2	1 （$R_S \leqslant 10\ k\Omega$）	± 2
失调电压温漂 $\alpha V_{IO}/\mu V \cdot ℃^{-1}$		7		7 （$V_0 = 1.4\ V$）
输入失调电流 I_{IO}/nA	20	± 3	4	± 3
失调电流温漂 $\alpha 0 I_{IO}/\mu V \cdot ℃^{-1}$		0.01		0.01
输入偏置电流 I_{IB}/nA	80	45	30	45
差模电压增益 A_{VD}/dB		100 （$R_L = 2\ k\Omega$, $V_0 = 5\ V$）	84 （$R_L \geqslant 2\ k\Omega$, $V_0 = 10\ V$）	100 （$R_L \geqslant 2\ k\Omega$, $V_+ = 15\ V$）
输出峰-峰电压 V_{OPP}/V		$V_+ - 1.5\ V$ （$R_L = 2\ k\Omega$）	$V_+ - 1.5$ （$R_L = 2\ k\Omega$）	$V_+ - 1.5$ （$R_L \leqslant 2\ k\Omega$）
共模抑制比 K_{CMR}/dB	90 （$R_S \leqslant 10\ k\Omega$）	85	90 （$R_S \leqslant 10\ k\Omega$）	85 （$R_S \leqslant 10\ k\Omega$）
输入共模电压范围 V_{ICR}/V	± 13	$V_+ - 1.5\ V$	$V_+ - 1.5$	$V_+ - 1.5\ V$
输入差模电压范围 V_{IOR}/V				$0 \sim V_+$
差模输入电阻 $R_{ID}/k\Omega$	2 000		2 500	
输出电阻 R_0/Ω	75			
电源电压抑制比 K_{SVR}/dB	30	100	96　$R_S \leqslant 10\ k\Omega$	100
电源电压范围 V_{SR}/V	± 18	$\pm 1.5 \sim \pm 15$ （或 $3 \sim 30$）	$\pm 9 \sim \pm 18$	$\pm 1.5 \sim \pm 15$ （或 $3 \sim 30$）
静态功耗 $P_C(mW)$	50			
输出短路电流 I_{OS}/mA	25	40	25	40
单位增益带宽 $G.BW_G/MHz$		1	1	1
转换速率 $S_R/V \cdot \mu s^{-1}$	0.5 （$R_L \geqslant 2\ k\Omega$）		0.5 （$A_{VD} = 1$）	
通道隔离度 CSR/dB		-120	-120 （$f = 1 \sim 20\ kHz$）	-120 （$f = 1 \sim 20\ kHz$）

CF741 引出端排列

8 引线金属圆壳（T）

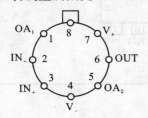

8 引线双列直插式

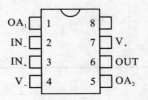

CF158/CF258/CF358 引出端排列

8 引线金属圆壳（T）

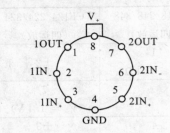

8 引线双列直插式

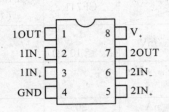

CF148/CF248/CF348 引出端排列

14 引线双列直插式

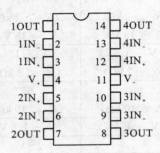

CF124/CF224/CF324 引出端排列

14 引线双列直插式

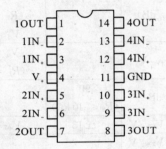

（2）集成模拟相乘器

参数名称	F1596	XFC-1596	FX1596 FX1496	CX1596 X1496	8TZ1596
载波抑制度 CFT/dB	≥50	≥50	≥50	≥50	≥50
信号增益 A_{VS}/dB	≥2.5	≥2.5	≥2.5	≥2.5	≥2.5
输入失调电流 $I_{IO}/\mu A$	≤0.7	≤5		0.7~5.0	0.7~5.0
输入偏置电流 $I_{IB}/\mu A$	≤25	≤25	12	12~30	12~25
最大功耗 $P_D/$ mW	33				33
外形引脚					

外形引脚图：

```
      V+  空  OUT  空  IN_Y  空  IN_Y
     ┌14┐┌13┐┌12┐┌11┐┌10┐┌9┐┌8┐
     │                          │
     │                          │
     └1─┘└2─┘└3─┘└4─┘└5─┘└6┘└7┘
      IN_X  增益  IN_X  BI  OUT  空
            调节
```

（3）DG4100/DG4102 及 DG4112 集成低频功率放大器（最大额定值 $T_A = 25℃$）

参 数 名 称	DG4100/DG4102	DG4112	测 试 条 件
最大电源电压 V_{CCmax}/V	9/13	13	
允许耗散功率 P_D/mW	1.2	1.2	
工作环境温度 T_{ope}/℃	$-20\sim+70$	$-20\sim+70$	
推荐电源电压 V_{CC}/V	6/9	9	
推荐负载 R_L/Ω	4	$3.2\sim8$	
电参数			
静态电流 I_Q/mA	15	15	
电压增益 A_v/dB	70	68	开环
	45	45	闭环
输出功率 P_0/W	1.0/2.1	2.3	$R_L = 4\ Ω$；THD $= 10\%$
输入电阻 R_1/kΩ	20	20	
谐波失真系数 THD/%	0.5	≤1	
输出噪声电压 V_N/mV	3.0	2.5	$R_g = 10\ kΩ$
	1.0	0.8	$R_g = 0$

（4）三端固定输出集成稳压器（CW7800 和 CW7900 系列）

正输出稳压器型号	负输出稳压器型号	输出电压及偏差		输出最大电流 I_{OM}/mA	输入电压 V_{Imin}/V_{Imax}/V	调整率		温度系数 $\Delta V_O/\Delta T$ /mV·℃$^{-1}$
		V_O/V	$\dfrac{\Delta V}{V_O}\times100\%$			S_V/mV	S_I/mV	
CW78L05	CW79L05			100	7/30	200	60	
CW78M05	CW79M05	5	±4%	500	7/35	100	100	1
CW7805	CW7905			1 500		100	100	
CW78L06	CW79L06			100	8/35	200	60	
CW78M06	CW79M06	6	±4%	500		120	120	1
CW7806	CW7906			1 500		120	120	
CW78L09	CW79L09			100	11/35	200	90	
CW78M09	CW79M09	9	±4%	500		120	120	1：1
CW7809	CW7909			1 500		120	120	

正输出稳压器型号	负输出稳压器型号	输出电压及偏差		输出最大电流 I_{OM}/mA	输入电压 V_{Imin}/V_{Imax} /V	调整率		温度系数 $\Delta V_O/\Delta T$ /mV·℃$^{-1}$
		V_O/V	$\frac{\Delta V}{V_O}\times100\%$			S_V/mV	S_I/mV	
CW78L12	CW79L12			100		200		
CW78M12	CW79M12	12	±4%	500	14/35	120	120	1.2
CW7812	CW7912			1 500				
CW78L15	CW79L15			100		200		
CW78M15	CW79M15	15	±4%	500	17/35	150	150	1.2
CW7815	CW7915			1 500				
CW78L18	CW79L18			100		200		
CW78M18	CW79M18	18	±4%	500	20/35	180	180	1.2
CW7818	CW7918			1 500				
CW78L24	CW79L24			100		200		
CW78M24	CW79M24	24	±4%	500	26/40	240	240	1.2
CW7824	CW7924			1 500				

CW7800系列 引出端排列　　CW7900系列 引出端排列

外形引脚

（5）三端可调式集成稳压器（CW117/217/317 及 CW137/237/337 系列）

电压极性	型号	输出电流 I_{Omax}/mA	输出电压 V_{Omin}/V_{Omax} /V	输入电压 V_{Imin}/V_{Imax} /V	输入输出压差 V_i-V_O/V	调整率/%		输出电压温度系数 av/%·℃$^{-1}$	最高结温 T_{jM}/℃
						S_V	S_I		
正电压输出	CW117L	100	1.2/37	4/40	3	0.02	0.3	0.004	150
	CW217L								
	CW317L					0.04	0.5	0.006	125
	CW117M	500	1.2/37	4/40	3	0.02	0.1	0.004	150
	CW217M								
	CW317M					0.04	0.1	0.005	125
	CW117	1 500	1.2/37	4/40	3	0.02	0.1	0.004	150
	CW217								
	CW317					0.04	0.1	0.006	125

电压极性	型号	输出电流 I_{Omax}/mA	输出电压 V_{Omin}/V_{Omax}/V	输入电压 V_{imin}/V_{imax}/V	输入输出压差 V_i-V_O/V	调整率/% S_V	调整率/% S_I	输出电压温度系数 av/%·℃$^{-1}$	最高结温 T_{jM}/℃
负电压输出	CW137L	100	−1.2/−37	4/40	3	0.01	0.1	0.004	150
	CW237L					0.01	0.1		
	CW337L					0.02	0.1		125
	CW137M	500	−1.2/−37	4/40	2.7	0.01	0.1	0.004	150
	CW237M		−3.6/−37	8.5/40		0.01	0.1		
	CW337M		−3.8/−32	9/35	3	0.02	0.1		125
	CW137	1 500	−1.2/−37	4/40	3	0.01	0.1	0.004	150
	CW237					0.01	0.1		
	CW337					0.02	0.1		125

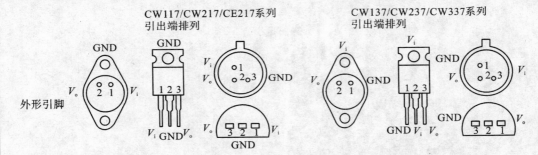

（6）LM566C 单片压控振荡器

LM566C 是单片压控振荡器电路。具有工作电压范围宽、高线性三角波输出、频率稳定度高、频率可调范围宽等优点。在音调发生、移频键控、FM 调制、信号发生器、函数发生器等处被广泛应用。

① 外引线图

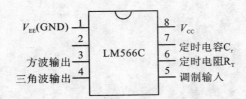

② 典型接法图

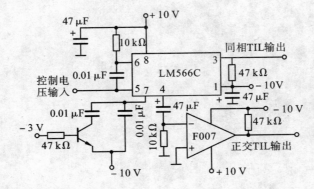

③ 主要参数

电源电压 /V	温度频率稳定度 /×10⁻⁶ · ℃⁻¹	工作频率 /MHz	压控灵敏度 /kHz · V⁻¹	输入阻抗 /MΩ	方波输出电平 ($R_L = 10$ kΩ)V_{p-p}/V
+10～+26	200	1～100	6.4～6.8	0.5～1	5～5.4

附录三　常用仪器、仪表使用说明

几种常用电工仪表简述

1. 磁电系仪表

磁电系仪表常用于直流电路中测量电流和电压(当加上整流器时,也可以用来测量交流电流和电压;当加上变换器时,还可以用于多种非电量的测量;当采用特殊结构时,可以构成检流计)。

磁电系仪表是利用永久磁铁的磁场与载流线圈相互作用的原理而制造的。当处于永久磁场中的动圈有电流通过时,则通有电流的动圈与磁场相互作用产生一定大小的转动力矩使其发生偏转,同时与动圈连接在一起的游丝因动圈偏转而发生变形,产生了反作用力活动部分最终停留在相应位置,仪表指针的标度尺上指示出被测量的数据。偏转角 α 与通过动圈的电流 I 成正比。

磁电系测量机构所能允许的电流往往是很小的。如果用它来测量较大的电流时,应采用分流的方法来扩大量限(测量机构直接与负载相串联进行测量);当用来测量电压时,方法是将测量机构并联在电路中被测电压的两端,但测量机构要串联附加电阻,否则只能测量很低的电压。电压表制成多量限时,串联几个不同的附加电阻即可。

2. 电磁系仪表

电磁系仪表结构简单、可靠,过载能力强,交、直流两用。这种仪表常用来测量交变电压和电流,测量的基本量是电流的有效值,其偏转角与电流的平方成正比。该仪器的缺点是灵敏度低,准确度低,电表消耗功率大,易受外磁场影响。

3. 电动系仪表

电动系仪表既能交直流两用,又有较高的准确度,特别是工程上得到广泛使用。

电动系测量结构中有固定线圈与可动线圈。当构成电动系电流表时,量程的改变是通过定圈两部分的串并联换接以及改变与动圈并联的分流电阻来实现的,表针偏转 α 与电流的有效值的平方有关。当构成电动系电压表时,将测量结构的定圈与动圈串联后再串以不同的附加电阻,就构成不同量程的电压表,表针偏转角 α 与电压有效值平方有关。

附:仪表特性与测量误差简述

1. 仪表特性

灵敏度:某一参与测量的参数 X,有一增量 ΔX,测量仪表示值 α 就产生一个增量 $\Delta \alpha$,灵敏度"S"就是指 $\Delta \alpha$ 与 ΔX 的比值。

可见灵敏度为常数的仪表刻度均匀,灵敏度的数值与被测量的性质有关,灵敏度的高低决定仪表的量限,所以灵敏度高的仪表量限就不会大,因此在测量过程中要选用灵敏度适当的仪表。

准确度和精度:准确度是指仪表最大相对额定误差的大小。精度是指仪表能读出几位有效数字。

2. 测量误差

(1) 基本误差：由于制造中的缺陷而产生的误差。

(2) 附加误差：由于外界因素的变动对仪表读数的影响而产生的，如仪表没有在规定条件下使用。

(3) 方法误差：测量方法的不完善，使用仪表的人员在读数时的习惯所引起的。

(4) 偶然误差：它是由某些偶然因素造成的。

3. 误差的表示方法

(1) 绝对误差表示为 $A = A_x - A_o$。

A_x——测得的被测量值的读数；

A_o——被测量的实际值。

若用高一级标准的测量仪器测得的值作为被测量的实际值，则在测量前，仪器应该由高一级标准仪器进行校正，校正量常用修正值表示。对于某被测量值，高一级标准的仪器的示值减去测量仪器的示值所得的值，就称为修正值。实际上，修正值就是绝对误差。例如：用某电流表测量电流时，电流表的示值为 1 mA，修正值为 $+0.04$ mA，则被测量电流的真值为 10.04 mA。

(2) 相对误差，即绝对误差与被测量的实际值之比的百分数。有时难以求得被测量的实际值，这时也可以用测量结果 A_x 代替实际值 A_o。

$$\gamma \approx \frac{\Delta A}{A_x}$$

例如：用两台频率计测量两个大小不同的频率。

一台频率计在测量频率 5 MHz 时，绝对误差为 5 Hz，则：

$$\gamma \approx \frac{5}{5 \times 10^6} \times 100\% = 0.0001\%$$

另一台频率计在测量频率为 500 Hz 时，绝对误差为 0.5 Hz，则：

$$\gamma \approx \frac{0.5}{500} \times 100\% = 0.1\%$$

可以看出，尽管后者的绝对误差远小于前者，但是后者的相对误差却远大于前者。因此前者测量准确度实际上比后者的高。

(3) 容许误差（也称最大误差）。一般测量仪器的准确度常用容许误差表示。它是根据技术条件的要求规定某一类仪器的误差不应超过的最大范围。通常仪器技术说明所标明的误差，都是指容许误差。

在指针式仪表中，容许误差就是满度相对误差 γ_m。表示为：

$$\gamma_m \approx \frac{\Delta A}{A_{\max}} \times 100\%$$

$A_{\max}$——表头满刻度读数。

指针表头的误差主要取决于它本身的结构和制造精度，而与被测量值的大小无关。

因此,上式表示的满度相对误差实际上是绝对误差与一个常数的比值,按国家标准,我国电工仪表准确度级按 γ_m 值分为 0.1、0.2、0.5、1.0、1.5、2.5 和 5 七级。

例:用准确度为 0.5 级、量限为 5A 的电流表测量某一电流时,可能出现的最大绝对误差为

$$\Delta A = \pm \gamma_m\% \cdot A_{\max} = \left(\pm \frac{0.5}{100}\right)5 = \pm 0.025(\text{A})$$

当读数为 2.5 A 时,测量结果可能出现最大相对误差为

$$\gamma_m = \frac{\pm 0.025}{2.5} = \pm 1\%$$

常用电子仪器、仪表使用说明

1. 信号发生器

我们在电子技术基础实验中常使用函数信号发生器。以 XD22PS、XD11PS 和 1642PS 等型号为例,该系列仪器是信号源和频率计合为一体的多用途仪器。其中 XD22PS 可以输出正弦波、矩形波、尖脉波、TTL 电平等五种波形。

XD11PS 可以输出正弦波、正负矩形波、正负尖脉冲、正负锯齿波、TTL 电平、单次脉冲等九种波形,重复频率在 1Hz ～ 1MHz 范围内分六档连续可调。

对于 1642PS 信号发生器,频率范围从 0.2 Hz ～ 20 MHz 分八档连续可调。具有正弦波、方波、矩形波、三角波、锯齿波、TTL 等波形输出。它有两个输出端口。矩形波,占空比 30% ～ 70% 调节;三角波通过占空比调节可形成正、负斜率的锯齿波。输出 II 的频率范围 0.2 Hz ～ 3 MHz 输出幅度 20 V(P-P),直流电平移动范围 ±10V。可控的电压输出衰减档通常用分贝(dB)数表示。

分贝是电平的单位,不同的电压分贝数对应不同的电压比值。

电压电平 : $Bvo = 20 \lg \dfrac{Ux}{U}(\text{dB})$

例:当输出衰减档置于 0dB(不衰减),仪器输出端口输出电压 U 为 6 V 时,把输出衰减档为"衰减 20dB"(−20dB),则此状态下端口的输出电压 Ux 为多少伏?

解: $-20 = 20 \lg \dfrac{Ux}{U} = 20 \lg \dfrac{Ux}{6}$

这时仪器输出端口的输出电压 Ux 为 0.6 V。

可见,每衰减 20 dB,仪器输出端口的输出电压就下降 10 倍。

2. SX2290A 双通道交流电压表

该表常用于测量频率高、频带宽、功率很小的交流电压。它采用两个通道输入,由一只同轴双指针电表指示。

其测量电压,可测从 1 毫伏至 300 伏的正弦交流电压,量程共分十二档,即 1 mV、3 mV、10 mV、30 mV、100 mV、300 mV、1 V、3 V、10 V、30 V、100 V、300 V,测量频率范围为 10 Hz ～ 1 MHz。

使用方法及注意事项:①使用时,在未接通电源前,如发现表头指针不在零点,应对机械

零点调整丝进行微动调整,使指针指示零。②在测量时,电压表的接地端子应与被测电压的零电位可靠地联结。

间歇使用时,不要关断电源。

还需要注意,该表是灵敏度高的仪表,在量程置于 1 V 以下各档,人体感应都能使指针超限摆动,为避免损坏指针,在测试 1 V 以下信号时,先把量程档级置 3 V 以上,在接入被测信号后改至档级所相应的档位,测试完毕后,应先把档级指针拨回到 3 V 以上档,再断开测量线,此时必须留心的是,1 mV、10 mV、100 mV、1 V、10 V、100 V 是上端一条刻度线,3 mV、30 mV、300 mV、3 V、30 V、300 V 是下端一条刻度线,读数时不要读错。

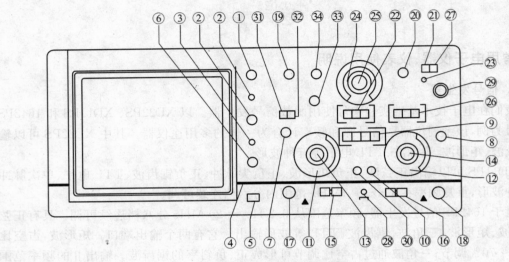

图 3-1　前面板控制件位置

3. SG4320A 示波器使用说明

3.1　面板控制件位置

3.2　控制件的作用

3.2.1　亮度:调节光迹的亮度

3.2.2　聚焦、辅助聚焦:调节光迹的清晰度

3.2.3　平衡:调节扫描线与水平刻度线平行

3.2.4　电源指示灯:电源接通时,灯亮

3.2.5　电源开关:接通或关闭电源

3.2.6　校正信号:提供幅度为 0.5 V,频率为 1 kHz 的方波信号。用于校正 10∶1 探头的补偿电容器和检测示波器垂直与水平的偏转因数。

3.2.7/8　垂直位移:调节光迹在屏幕上的垂直位置

3.2.9　垂直方式:Y1 或 Y2:通道 1 或 2 单独显示

交替:两个通道交替显示

断续:两个通道断续显示,用于扫速较慢时的双踪显示

叠加:用于两个通道的代数和或差

3.2.10　通道 2 倒相:Y2 倒相开关,在叠加方式使 Y1+Y2 或 Y1-Y2

3.2.11/12　垂直衰减开关:调节垂直偏转灵敏度

3.2.13/14　垂直微调:连续调节垂直偏转灵敏度,顺时针旋足为校正位置

3.2.15/16　耦合方式:选择被测信号馈入垂直通道的耦合方式

3.2.17/18　Y1 或 X,Y2 或 Y:垂直输入端或 X-Y 工作时,X、Y 输入端

3.2.19　水平位移:调节光迹在屏幕上的水平位置

3.2.20　电平:调节被测信号在某一电平触发扫描

3.2.21　触发极性:选择信号的上升沿或下降沿触发扫描

3.2.22　触发方式:常态:无信号时,屏幕上无显示;有信号时,与电平控制配合显示稳定波形

自动:无信号时,屏幕上显示光迹;有信号时,与电平控制配合显示稳定波形

电视场:用于显示电视场信号

峰值自动:无信号时,屏幕上显示光迹;有信号时,无须调节电平即能获得稳定波形显示

3.2.23　触发指示:在触发同步时,指示灯亮

3.2.24　水平扫速开关:调节扫描速度

3.2.25　水平微调:连续调节扫描速度,顺时针旋足为校正位置

3.2.26　内触发源:选择 Y1、Y2 电源或交替触发

3.2.27　触发源选择:选择内或外触发

3.2.28　接地:与机壳相联的接地端

3.2.29　外触发输入:外触发输入插座

3.2.30　X-Y 方式开关(Y1 X):选择 X-Y 工作方式

3.2.31　扫描扩展开关:按下时基扫描扩展 10 倍

3.2.32　交替扫描扩展开关:按下时,屏幕上同时显示扩展后的波形和未被扩展的波形

3.2.33　扫线分离:交替扫描扩展时,调节扩展和未扩展波形的相对距离

3.2.34　释抑控制:改变扫描休止时间,同步多周期复杂波形

3.3　操作方法

3.3.1　检查电网电压

SG4320A 示波器电源电压为 220V±10%,接通电源前,检查当地电源电压,如果不相符合,则严格禁止使用。

4. Gos-622G　Dual Trace Oscilloscope

Introduction of Front Panel

CRT Circuits:

POWER ·· (9)

　Main power switch of the instrument . When this switch is turned on , the LED(8) is
　also turned on.

INTEN ·· (2)

　Controls the brightness of the spot or trace.

B　INTEN ······································· (3)(653G & 658G only)

　Semi-fixed potentiometer for adjusting intensity when in B sweep mode.

READOUT INTEN ····························· (7)(626g & 658G only)

　Semi-fixed potentiometer for adjusting intensity of the readout and cursors.

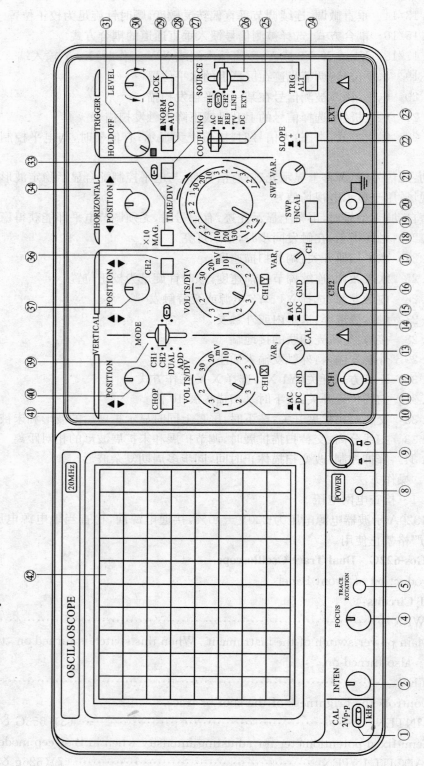

GOS – 622G Dual Trace Oscilloscope

FOCUS ·········· (4)
For focusing the trace to the sharpest image.
ILLUM ·········· (6)(Except 622G)
Graticule illumination adjustment.
TRACE ROTATION ·········· (5)
Semi-fixed potentiometer for aligning the horizontal trace in parallel with graticule
lines.
FILER ·········· (42)
Filter for ease of waveform viewing.

Vertical Axis：
CH1(X)input ·········· (12)
Vertical input terminal of CH1. When in X-Y operation，X-axis input terminal.
CH2(Y)input ·········· (16)
Vertical input terminal of CH2. Whe in X-Y operation ，Y-axis input terminal.
AC-DC-GND ·········· (11)(15)
Switch for selecting connection mode between input signal and vertical amplifier.
AC：AC coupling
DC：DC coupling
GND：Vertical amplifier input is grounded and input terminals are disconnected.
VOLTS/DIV ·········· (10)(14)
Select the vertical axis sensitivity, from lm V/DIV to 5V/DIV in 12 rages.
VARLABLE ·········· (13)(17)
Fine adjustment of sensitivity, with a factor of$\geqslant 1/2.5$ of the indicated value. When
in the CAL position, sensitivity is calibrated to indicated value.
POSITION ·········· (40)(37)
Vertical positioning control of trace of spot.
VERT MODE ·········· (39)
Select operation modes of CH1 and CH2 amplifiers.
CH1：The oscilloscope operates as a single-channel instrument with CH1 alone.
CH2：The oscilloscope operates as a single-channel instrument with CH2 alone.
DUAL：The oscilloscope operates as a dual-channel instrument both CH1 and CH2.
CHOP/ALT are automatic changed by TIME/DIV switch (18). When CHOP(41) but-
ton is pushed in，the two traces are displayed in the CHOP mode at all ranges.
ADD：The oscilloscope displays the algebraic sum (CH1 + CH2) or difference
(CH1−CH2) of the two signals.
The pushed in state of CH2 INV(36) button is for the difference (CH1−CH2).
Triggering：
EXT TRIG(EXT HOR) input terminal ·········· (23)
Input terminal is used in common for external triggering signal and external horizontal

signal. To use this terminal, set SOURCE switch (26) to the EXT position.

SOURCE ·· (26)

Select the internal triggering source signal. And the EXT HOR input signal.

CH1(X - Y): When the VERT MODE switch(39) is set in the DUAL or ADD state, select CH1 for the internal triggering source signal. When in the X - Y mode, select CH1 for the X-axis signal.

CH2: When the VERT MODE switch (39) is in the DUAL or ADD state, select CH2 for the internal triggering source signal.

TRIG. ALT(24): When the VERT MODE switch (39) is set in the DUAL or ADD state, and the SOURCE switch (26) is selected at CH2 for the internal triggering source signal.

LINE: To select the AC power line frequency signal as the triggering signal.

EXT : The external signal applied through EXT TRIG (EXT HOR) input terminal (23) is used for the external triggering source signal. When in the X-Y, EXT HOR mode, the X-axis operates with the external sweep signal.

COUPLING ·· (25)

Select COUPLING mode (25) between triggering source signal and trigger circuit; select connection or TV sync trigger circuit.

AC: AC coupling

DC: DC coupling

HF REJ: Removes signal components above 50 kHz(-3dB)

TV: The trigger circuit is connected to the TV sync separator circuit and the triggered sweeps synchronize with TV - V or TV -H signal at a rate selected by TIME/DIV switch(18).

TV -V: 0. 5 Sec/DIV- 0. 1mSec/DIV

TV -H: 50u Sec/DIV-0. 1u Sec/DIV

SLOPE ··· (22)

Select the triggering slope.

"+": Triggering occurs when the triggering signal crosses the triggering level in positive-going direction.

"-": Triggering occurs when the triggering signal crosses the triggering level in negative-going direction.

LEVEL ··· (30)

To display a synchronized stationary waveform and sets start point for the waveform.

To ward "+": The triggering level moves upward on the display waveform.

To ward "-": The triggering level moves downward on the display waveform.

LOCK (29): Triggering level is automatically maintained at optimum value. irrespective of the signal amplitude (from very small to large amplitudes), requiring no manual adjustment or triggering level.

HOLDOFF ·· (31)
　　Used when the signal waveform is complex and stable triggering cannot be attained with the LEVEL knob alone.

TRIGGER MODE ·· (28)
　　Select the desired trigger mode.
　　AUTO: When no triggering signal is applied or when triggering signal frequency is less than 50 Hz, sweep runs in the free run mode.
　　NORM: When no triggering signal is applied , sweep is in a ready state and the trace is blanked out. Used primarily for observation of signal≤50 Hz
　　SINGLE: Use for single sweep. (Except 622G)
　　Push to RESET: Operation (one-short triggering operation), and in common as the reset switch . When these three buttons are disengaged ,the circuit is reset , the READY lamp on . The lamp goes out when the single sweep operation is over.

TIME Base
(A) TIME/DIV ·· (18)
　　Select the sweep time of the A sweep . (A and B sweep in common for 658G only , B TIME/DIV＜A TIME/DIV)
(B) TIME/DIV ·································· (43)(653G only)
　　Select the sweep time of delayed sweep (B sweep).

SWP. VAR ·· (21)
　　Variable control of sweep time . When SWP. UNCAL(19) button is pushed in, the sweep time can be made slower by a factor≥2. 5 of the indicated value. The indicated values are calibrated when this button is not pushed in.

POSITION ·· (34)
　　Horizontal positioning control of the trace or spot.

X 10 MAG ·· (33)
　　When the button is pushed in, a magnification of 10 occurs.

DELAY TIME POSITION ························· (44)(653G only)
　　Variable control of the delay time selected by the A TIME/DIV(18) and B TIME/DIV(43)switch to finely
　　Select the portion of the A sweep waveform to be magnified.

HORIZ . DISPLAY MODE ···················· (38)(653G&658G only)
　　Select A and B sweep modes mode as follows:
　　A: Main sweep (A sweep) mode for general waveform observation.
　　AINT: This sweep mode is used when selecting the section to be magnified of A sweep in preparation for delayed sweep. The B sweep section (delayed sweep) corresponding to the A sweep is displayed with a high intensity beam.

参考文献

[1] 邱关源. 电路. 北京：高等教育出版社，1999.

[2] 李瀚荪. 电路分析基础. 北京：高等教育出版社，1993.

[3] 秦曾煌. 电工学（上、下册）. 北京：高等教育出版社，1999.

[4] 童诗白. 模拟电子技术基础. 北京：高等教育出版社，1988.

[5] 阎 石. 数字电子技术基础. 北京：高等教育出版社，1998.

[6] 康华光. 电子技术基础. 北京：高等教育出版社，2000.

[7] 王澄非. 电路与数字逻辑设计实践. 南京：东南大学出版社，1999.

[8] 王 尧. 电子线路实践. 南京：东南大学出版社，1999.

[9] 刘润华，等. 现代电子系统设计. 北京：石油大学出版社，1998.

[10] 李振声. 实验电子技术. 北京：国防工业出版社，2001.

[11] 谢自美. 电子线路设计、实验、测试. 武汉：华中理工大学出版社，2001.

[12] 罗炎林. 数字电路. 北京：机械工业出版社，1997.

[13] 谢嘉奎. 电子线路（线性部分）. 北京：高等教育出版社，1999.

[14] 滕国仁. 电气实验技术（上册）. 北京：煤炭工业出版社，1995.

[15] 郁汉琪. 数字电子技术实验及课程设计. 北京：高等教育出版社，1995.

[16] 中国集成电路应用大全. 北京：国防工业出版社，1985.

[17] 沈任元. 常用电子元器简明手册. 北京：机械工业出版社，2001.

[18] 最新世界三极管特性代换手册. 福州：福建科学出版社，1998.